裂缝性碳酸盐岩储层渗透率预测

[俄] 亚历山大·科列瓦托夫（Александр Колеватов）
[俄] 尤里·金-列-松（Юрий Чен-лен-сон） 著

陈怀龙　张良杰　陈鹏羽　龚幸林　程木伟　等译

U0253215

石油工业出版社

内 容 提 要

本书从裂缝性碳酸盐岩储层渗透性预测的现状出发，论述了预测涉及的类型、方法，主要内容包括岩石物理性质、结构构造—岩石物理相互关系、岩心—地球物理测井关系和油层情况，孔隙度、渗透率的预测，碳酸盐岩储层渗透性的不同地球物理测井方法的可使用性，正确确定孔渗关系的方法，依据有限使用岩心研究结果的矿场资料，编制地质结构确定方法和确定形成油田时存在的沉积环境，并在相关内容中辅以应用实例和数据加以说明和论证。

本书适合勘探开发工作者及大专院校相关专业师生参考使用。

图书在版编目（CIP）数据

裂缝性碳酸盐岩储层渗透率预测／（俄罗斯）亚历山大·科列瓦托夫，（俄罗斯）尤里·金-列-松著；陈怀龙等译. — 北京：石油工业出版社，2020.12

ISBN 978-7-5183-3068-3

Ⅰ. ①裂… Ⅱ. ①亚… ②尤… ③陈… Ⅲ. ①碳酸盐岩油气藏-裂隙储集层-渗透率-预测 Ⅳ. ①TE311

中国版本图书馆 CIP 数据核字（2020）第 247245 号

Перевод с русского языка：

《Прогнозирование проницаемости карбонатных трещиноватых коллекторов》

Авторы：Александр Колеватов，Юрий Чен-лен-сон

ISBN：978-3-659-75790-7

Издатель：LAP LAMBERT Academic Publishing

является торговой маркой OmniScriptum GmbH & Co. KG

Copyright © 2016 OmniScriptum GmbH & Co. KG

Все права защищены.

此简体中文版经授权，由石油工业出版社有限公司在中国大陆地区出版发行。未经石油工业出版社有限公司书面许可，任何单位和个人不得抄袭、改编、节录或翻印本书的任何部分，否则视作侵权，一经核实，依法追究。

北京市版权局著作权合同登记号：01-2020-7600

出版发行：石油工业出版社
　　　　　（北京安定门外安华里 2 区 1 号　100011）
　　　　　网　　址：www.petropub.com
　　　　　编辑部：（010）64523736
　　　　　图书营销中心：（010）64523633
经　　销：全国新华书店
印　　刷：北京中石油彩色印刷有限责任公司

2020 年 12 月第 1 版　2020 年 12 月第 1 次印刷
787×1092 毫米　开本：1/16　印张：6
字数：100 千字

定价：60.00 元
（如发现印装质量问题，我社图书营销中心负责调换）

版权所有，翻印必究

《裂缝性碳酸盐岩储层渗透率预测》

翻 译 人 员 名 单

主要翻译人员： 陈怀龙　张良杰　陈鹏羽　龚幸林　程木伟

参与翻译人员： 王红军　曹来勇　蒋凌志　孔　炜　李洪玺

董建雄　张宏伟　邢玉忠　李　铭　史海东

代芳文　单云鹏　李韵竹　张　李　汪　文

译者前言

中国石油在海外拥有多个碳酸盐岩油气田勘探开发项目，"十三五"期间针对这些油气田开发设立了国家科技重大专项"丝绸之路经济带大型碳酸盐岩油气藏开发关键技术"，旨在全面提升碳酸盐岩油气藏的整体开发技术水平。在碳酸盐岩油气藏开发方面，渗透率的预测也是一项技术攻关难点。渗透率是评价储层的重要参数，准确确定该参数，可以有效提高油气田开发效果。

随着油气井勘探开发技术和工艺的发展，利用岩石结构、岩石物理性质与测井资料相结合、测井与地震技术相结合等系列静态资料，可以较好地预测碎屑岩产层的孔隙度和渗透率，与生产动态也能够较好匹配。但对于碳酸盐岩储层，这些方法取得的效果并不理想，这与碳酸盐岩储层横向非均质有重要的关系，裂缝的参与也进一步增大了渗透率有效预测的难度。基于此，我们特编译了本书，以期在裂缝性碳酸盐岩储层渗透率预测方面能够为读者提供一些新的思路和方法。

本书由俄罗斯学者亚历山大·科列瓦托夫和尤里·金-列-松所著，是针对俄罗斯境内的某个碳酸盐岩油田开展渗透率预测的研究实例。本书的主要内容就是充分利用油田储层孔渗透、岩石物理性质、地球物理资料和流体动力学等资料，静动态结合建立碳酸盐岩油层孔渗性关系分类，确定孔隙空间结构，预测储层渗透率，最终预测结果也在油田开发中得到了检验。本书中碳酸盐岩储层类型划分方法和不同类型储层渗透率计算方法对于海外碳酸盐岩油气田储层渗透率的评价有着重要的参考价值。

本书由中国石油阿姆河天然气公司和中国石油勘探开发研究院从事碳酸盐岩油气田勘探开发的专家共同翻译完成，于 2020 年 9 月底完稿。参加编译工作的主要成员有陈怀龙、张良杰、陈鹏羽等。由于翻译人员的水平有限，书中难免存在不足、不当之处，欢迎各位读者批评指正。

2020 年 7 月

前　言

　　目前，在油井和含油气层没有进行标准综合测井、生产测井、试井的情况下，是无法进行合理开发油田的。上述研究方法虽然涉及面不同，但相互调整、互为补充，它们之间具有一定的共性。试井的主要目的是确定油井储层的储渗能力。试井资料的准确性直接决定建模结果、开发指标的设计和采收率。试井工艺结合其他方法解释结果决定了最终解释的准确性。本书主要举例研究油田 1 油井综合测井和试井资料的匹配性，涉及单井产层渗透率的确定，预测未进行试井的各油井的渗透率（包括新的油井）。

　　随着油井测试工艺的发展，测井资料也在增加，当资料收集到一定程度时便可预测岩石的储渗能力。本书包含了以下研究内容：岩石物性、构造—岩性关系、岩心—测井和地层分层之间的关系。借助这些研究内容，在进行勘探开发陆源储层时，可以获得储层的流体动态特征。然而通常在碳酸盐岩含油储层根据测井资料预测得到的储渗能力经常与试井得到的储渗能力有明显的差别。岩石孔隙结构横向非均质性导致了这些差别。因此为了正确确定储层的储渗能力，需要通过生产测井的方法补充资料。

　　试井方法需要完成的任务项目在增加，这与高精度测量技术和数模的广泛应用有关。现今实践中试井资料处理方法不仅可以确定储渗能力，还可以确定油藏的地质构造，明确含油气层的岩性和构造边界，确定井周区域流体渗流机理等。

　　在总的计划中，试井资料可以确定和调整油田开发方案[1-7,11,22,23,28,29,38-40,42,43,45,48,51-53,59,66,70,77,83,87,90,92,93,96,101,106-109,114-116,119,124-127,130,133-135,137,139-141,148,165-167]。除此之外，采用试井工艺解决的任务中[47,50,62-65,67,68,80,81,86,88,91,102,104,105,121,136,138,150,153-160,164,168,169,173-176]还应包括：得出的研究方案是否正确适用于具体地质情况。然而在实际工作中，该问题却没有引起足够的重视。

试井的任务之一是获得高质量的原始资料，对这些原始资料进行客观的解释。其他方法得到的资料同样对试井解释结果有着重要影响，例如：在裸眼中进行的测井、生产测井、其他特殊测井（核磁共振测井、FMI 测井）。

为了提高模型中的流体预测准确度，储层类型、储渗能力和储层岩石物性分布是碳酸盐岩储层油气开采时最重要的特性之一。本书着重强调根据试井资料确定储渗能力，以此作为确定或者调整对产层地质资料[4]、岩石物性资料的认识。

本书包含有下述章节：基于岩心分析结果确定的油田形成沉积环境、地质构造确定方法编制[147,149]。

通过重新解释、分析不同研究解释结果和查明规律性，展示具体油井所在区域的主要储集空间类型及其储渗能力。最终根据油田 1 油井的测井资料，在进行试井前，确定储层类型（致密孔隙型、裂缝—孔隙型，孔隙型，孔—洞—裂缝型）。因此，综合测井和试井资料解释提高储层渗透率预测的学术论文，毫无疑问是很有现实意义的。

（1）研究目的：

根据测井、生产测井、试井资料预测碳酸盐岩含油储层渗透率，以及查明其预测的规律性。

（2）研究的主要任务：

①根据综合解释和分析油井测井与试井资料，建立碳酸盐岩含油层储渗能力关系分类（以油田 1 为例）。

②编制岩石孔隙空间结构确定方法，根据试井和综合测井资料解释结果确定钻开的含油层类型。

③根据在新钻油井和没有进行试井作业的油井中进行的综合测井，编制含油层渗透率预测方法。

提出的任务解决方法包括：

理论总结和鉴定分析碳酸盐岩含油层的测井和试井文献资料与油田资料；

编制和使用临界参数的标准选择方法，这些边界参数可以确定岩石孔隙空间结构和预测渗透率；根据编制的储层类型判定方法完成试验性试井，以及在油井中（未进行全套试井作业，只进行一部分）预测储层的储渗能力。

（3）研究结果的准确性：

使用编制的含油储层（根据综合测井资料解释的含油储层）渗透率预测方法取得的结果，其准确性通过钻开了油田1一些油井碳酸盐岩储层之间的相互关系来验证，这些相互关系是采用新的其他方法或者未经研究过的试井方法确定的。含油储层孔隙空间结构边界准则的确定计算和预测的渗透率，它们的准确性，通过对比具有临界参数的结果来确定，这些准则是根据储层类型划分（孔隙空间类型）的实际资料取得的。

（4）研究新发现：

①在综合分析油井试井资料后，根据不同类型碳酸盐岩储层岩石物性划分有效渗透率区域。

②为了完成碳酸盐岩储层开发设计，编制了含油层储层类型确定方法（根据孔隙空间结构划分）。

③根据油田1现场研究结果综合分析资料，编制了碳酸盐岩含油小层相渗评价方法，获得了根据测井确定的不同类型储层的渗透率计算（评价）方程式。

（5）主要答辩论点：

①根据不同类型储层岩石物性，碳酸盐岩裂缝—孔隙型含油层油井的试井资料计算划分出各个渗透率区域。

②根据油井综合测井资料，确定储层（孔隙空间）类型方法。

③根据油井综合测井资料，油田1碳酸盐岩含油层的渗透率预测方法。

（6）实际价值和成果推广：

书中编制的碳酸盐岩含油储层渗透率预测方法，俄罗斯越南彼得合资公司在进行科研工作和编制油田1开发设计方案时使用了该方法。

书中获得的成果是油田公司日常开采标准的一部分，包括保压方案、控制开采方案、预测措施井实施的有效性。

成果将有助于确定碳酸盐岩油田地质构造，和预测潜在产油层的储渗能力，这些产油层由于某种原因在完井时没有进行开采。

（7）鉴定：

本书主要论点和成果在第XI和第XII届国际科学技术大会"油气田开发和跟踪：勘探和开采"（托姆斯克，2012年和2013年）；纪念A. A. 特罗菲穆克院士100周年有国外学者参加的全俄青年科学大会"青年科学家特罗菲穆克报告会—2011"（新西伯利亚，2011年），"特罗菲穆克报告会—2013"（新西伯利亚，2013年，口头报告获得Ⅲ级证书），在第Ⅴ届国际科学学术报告会"提高储层油采收率方法的理论和实际应用"（莫斯科，2013年）上做了报告。

（8）作者的个人贡献：

在两年时间里，作者参与了有碳酸盐岩储层的俄罗斯越南彼得合资公司参与开发的尤鲁勃切诺—托哈姆油田、库尤穆宾斯克油田油井试井资料的处理和解释。

对东西伯利亚、科米共和国等处油田油井试井资料进行了处理和再处理（重新处理）。

确定了碳酸盐岩含油储层类型（孔隙空间结构）和根据油田1综合测井资料确定的岩石物性之间的相关性。

根据油田1综合测井资料，编制了含油储层主要类型（孔隙空间结构）的查明方法。

根据新井和没有进行试井措施油井的综合测井资料，编制了含油储层渗透率预测（评价）方法。

（9）出版：

根据完成的研究成果，出版了6篇文章，包括最高学位评定委员会推荐的一篇论文。

目　　录

1 裂缝性碳酸盐岩含油气储层渗透率预测

随着渗透率确定方法理论和试井实施工艺的发展，为了建立渗透率数据体和裂缝率数据体，需要根据测井和地震资料预测碳酸盐岩储层渗透率。这种裂缝率数据体可以评价研究区块的裂缝空间分布。但这种数据体不提供裂缝是否为可渗透的。同时地震资料的分辨率有限，分析解决这一问题的能力也有限。当地震波达到某个值以后，裂缝对地震波通过的影响变得远小于对整体波形的干扰影响水平。

渗透率数据体和裂缝率数据体建立标准方法如下：建立岩心渗透率和岩心孔隙度相关性曲线[89]。获得的相关性曲线用于将孔隙度曲线转换成渗透率曲线。应当指出，使用该方法时，渗透率取的是平均值，则不能反映碳酸盐岩储层的特性[89, 131]。为了提高测量精度，建议在孔隙度转换为渗透率的公式中代入岩性等级（或者结构—构造指数）和粒间孔隙度：

$$\lg K_{np} = (a - b\lg CTИ) + (c - d\lg CTИ\lg\phi_{n.\,m.}) \tag{1}$$

式中：CTИ 为结构—构造指数（也可以用岩性等级）；$\phi_{n.\,m.}$ 为岩块孔隙度；$a = 9.7982, b = 12.0838, c = 8.671\,1, d = 82\,965$。

由式（1）获得渗透率和构造特征之间的相关性。该相关性对于模型的空间模拟非常重要。此外，这里完全可以导入粒间孔隙度，而不是总孔隙度与渗透率相关性。岩性等级或者构造—结构指数，根据伽马测井、孔隙度测井资料或者相关性曲线 $\phi_{a,n}$—ϕ_n 确定。粒间孔隙度根据岩心标定后的相关性曲线

$\Delta t—K_M$ 获得。

在不考虑构造—结构性质之间的联系情况下，原始饱和度和孔隙度之间的相关性曲线用于计算渗透率。考虑构造—结构性质计算的渗透率用上述方法，但为了确定岩石物性参数和地质特征之间的相关性，需要使用相关性曲线 $\Delta t—K_o$ 用于解释岩性等级或者构造—结构指数，因为这种相关性对三维地质模型非常重要。

关于地震勘探研究油气储层的可行性，有些研究人员认为，根据反射波法地震资料可以直接判定地质剖面上岩性，以及其中是否含烃[131]。

众所周知，反射波法获得的地震资料，大多数情况下显示是不一样的，所谓的岩性确定，可能仅仅指两个地质剖面上可能存在的哪一个岩石类型更可以接受。为了划分岩石种类，通常仅采用两个地震波性质：地震波速度和地震波衰减，这个已经严格限制了地震波资料的应用。地层速度的精度不高，具有同样波速的岩性只能确定该层厚度。

推测：潜力储层的波速更多取决于该层的孔隙度，而非岩性。采用地震波法划分具有次生孔隙度的复杂储层，目前应用的效果不好。

由于储集空间和储集结构复杂，采用现代传统试验室方法，无法获得相对可靠的次生孔隙度实验数据。采用标准电测法也不大适用，虽然采用标准电测法可以得到各向同性介质的储层临界有效孔隙度。

复杂型储层的粒间孔评价研究显示，必须考虑渗透率的最小值和孔隙度比值[131]。确定孔隙度的最小值（甚至是次生孔隙度）和微小的粒间渗透率的岩石不仅可以聚集油气，还可以顺利将它们送去裂缝，并沿裂缝进入油井。在伊朗的一系列油田中早已有明显的例子，在这些油田中，石灰岩中的高产储层具有 4% 孔隙度（次生）和 0.001D 的气体渗透率。

高产气藏含有镁白云石可以作为从低孔隙和致密的岩石获得工业产量的范例。该气藏白云石的孔隙度为 5%，气体渗透率低于 1mD。然而，在这种情况

2

下生产井中却获得工业气流，那是因为该气藏中有密集的裂缝体系网存在，为获取产量打开了通道、提供了可能。由于这个事实的存在，上述获得孔隙度—渗透率相关性曲线的方法，不能反映渗透率在含油气层中的实际分布，需要寻找渗透率预测方法，还要考虑渗透率区域的不一致性，换而言之，要考虑油井钻开区域的孔隙空间的主要结构。

目前采用的综合生产测井（结合了自然电位测井、电阻率测井、横向测井、自然伽马测井、中子伽马测井）仅可以有把握划分孔隙型储层，对于复杂类型的储层（低孔的、非均质的、裂缝型的），基本上采用测井方法，并结合地质和工业的方法（取岩心、岩屑进行研究、含油气层测试)[49,131]。声波测井、放射性测井和电测井方法，以及电阻率测井和中子伽马测井长期持续采集数据，相对更有前景。这几种综合测井工作仅用于完成过先导性试验的区域。

根据很多研究人员的研究，单独采用任何一种测井方法，都不会提高油井地层剖面划分的可靠性程度，特别是追踪裂缝型储层区域，因为与井间距相比，埋深深度通常较小[49]。

测井法划分裂缝：由于测井的局限性，除了自然伽马测井、中子测井、井温测井、声波测井、感应测井、横向测井，不是所有的测井方法都适用于划分近似垂直缝的裂缝区。为了识别裂缝，采用了空间不同方位仪器测量的测井叠加图[49]。识别到产油层中的小断距构造断层及其走向的资料，例如在瓦尔加姆布尔采夫油田群中的一个油田（季曼—伯朝拉石油天然气省）[78]。根据这种方法，明确一系列地震属性，这些地震属性与储层的容积和水动力传导系数有关。但在本书范围内，由于缺少实际资料和用于计算的资料，无法完成这种算法，因此将不考虑该方向。

绝大多数时候，复杂类型（主要是碳酸盐岩）储层的岩石孔隙度沿水平方向和垂直方向变化较大。特别是在显微镜下可见储层岩石孔隙度有差别。打开油层时逐层岩心取样，对每个岩心样品进行孔隙度测量时，甚至在某些最均质的岩石中可见明显的孔隙度变化。因此，研究裂缝系统结构时需要详细分析油田中采用的每种研究方法得出的结果，以及对比不同临界条件下获得的各种资料。

列举的资料足以证明重新审核现有的孔隙度（特别是渗透率）临界（标准的）值的必要性，自然也就扩大了可能属于油气产层等级的岩石范围。

总体上，不同作者对测井作用的意见[6,49,93]总结如下：

（1）划分裂缝区域时，解释测井资料时，与其注重裂缝数量评价，不如加强裂缝评价质量。

（2）可以在低孔隙度岩石（$\phi_{обш}$<10%）中评价双孔隙度系统的参数。

（3）在低孔隙度区（$\phi_{обш}$<6%），提高裂缝孔隙度评价准确性。

（4）在高孔隙度岩石中，由于裂缝的存在而导致的孔隙度，与岩石总孔隙度相比非常小，然而在低孔隙度层段中这种裂缝导致的孔隙度具有重要意义。因为裂缝孔隙度数量评价可以仅在致密岩石中进行，在这种情况下必须进行测井。

（5）在高孔隙度岩石中，在没有进行任何准确评价其参数的情况下，仅可以划分裂缝区。这与要求进一步研究和发展确定孔隙空间结构的测井方法有关。

1.1 碳酸盐岩储层渗透率（和孔隙度）类型

1.1.1 原生孔隙

识别原生孔隙[69]，该孔隙在岩石早期沉积或成岩过程中依靠聚集的碳酸盐岩矿物再结晶、白云石化和溶解形成的孔隙。原生孔隙分为粒内孔隙和粒间孔隙。粒间孔隙指碳酸盐晶体之间的间隙或者其内部的间隙。原生粒间孔隙尺寸不超过容纳或者胶结的碳酸盐晶体尺寸，即沉积孔隙直径为 0.01mm，早期成岩孔隙直径为 0.05mm。

粒内孔隙是经常出现在碳酸盐晶体内部的原生孔隙，主要在生物骨架残骸内部。然而很多时候这些原生孔隙常常沉积填充碳酸盐（黏土质碳酸盐，有时是黏土粉砂碳酸盐）矿物和其他矿物，或是沉积岩（或者晚期成岩）碳酸盐矿物。

根据文献 49，不同储层岩石基质的孔隙度和渗透率，包括油田 1 礁灰岩，接近图 1 中表明的分布情况。当没有岩心分析资料时，可以使用在文献 12、71、113、129、132 中列出的各种经验公式。它们之间具有大量的相关性 K_M—ϕ_M（基质渗透率和基质孔隙度），在它们中选出 Г.Ф.特列宾公式，用于确定不同的孔隙度：

当 $\phi_M<12\%$，$K_M=2e^{-0.316\phi_M}$。

当 $\phi_M>12\%$，$K_M=4.94\phi_M^2-7.63$。

总的来说，根据公式得出的低孔隙度，接近岩心孔隙度，如果将该方程式曲线（点在线 1 旁边）与图 1 曲线相比较，可以发现它与礁灰岩曲线拟合很好。

在某些情况下碳酸盐岩储层基质渗透率可以达到 100mD。

除此之外，第一次油田 1 油井试井资料解释时采用孔隙度加权平均值（对于油井射孔之间的有效油层）（-15%～-5%），符合图 1 中说明礁灰岩储层岩石的经验线 1。

关于储层岩石临界渗透率，在该临界值下可以进行石油工业开采，尤其对于预测埋深较大的储层时该临界值具有特别重要的作用。目前，已经证明随着储层岩石埋深的增大，岩石压力对储层的挤压增加，储层的孔隙（粒间孔隙）渗透率逐渐降低。

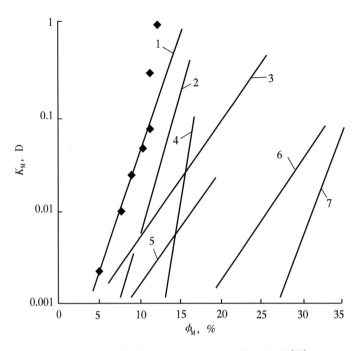

图 1　不同类型岩石 K_M—ϕ_M 相关性曲线[49]

1—礁灰岩；2—鲕粒灰岩；3—糖晶状白云石；4—胶结砂岩；5—带粒间孔隙的砂岩和白云石；

6—似白垩系石灰岩；7—细粒砂岩

1.1.2　次生孔隙

　　次生孔隙[69]在裂缝性碳酸盐岩储集空间中具有重要意义，次生孔隙在岩石形成以后再结晶，白云石化和溶解作用后产生的。次生孔隙可以沿原生（继承）孔隙发展，并重新生成。后生成的再结晶和白云石化次生孔隙多为不规则状、多边形和有棱角的。这些次生孔隙度受碳酸盐岩晶粒轮廓限制，尺寸大小与碳酸盐晶粒大小接近，多数情况下大于 0.05mm。这种孔隙仅在棱角形碳酸盐岩晶粒排列中产生，也就是当菱形晶粒从顶部或者侧面与棱面接触的位置。如果它们仅仅是棱面相互接触，晶粒排列紧密，是不会形成孔隙的。

　　通过观察发现，在碳酸盐岩裂缝中[69]可以被不同的矿物（碳酸盐、石英、硫酸盐等)、黏土或者黑色变质有机物全部或部分填充。矿物之间也伴生裂缝,这些裂缝有中空的、有张开的,在张开缝中填充了褐色或者黄色沥青(石油)。

矿物裂缝宽度(开度)的变化范围较大:从几分之一毫米到1cm或更大。张开的裂缝宽度,通常不超过$20\sim25\mu m$,也就是$0.02\sim0.025mm$(微裂缝)。根据裂缝张开度,微裂缝可以分为[99,100]毛细管裂缝($0.005\sim0.01mm$或者$5\sim10\mu m$)和超毛细管裂缝($0.01\sim0.05mm$或者$10\sim50\mu m$),以及毛细管裂缝($0.05\sim0.15mm$或者$50\sim150\mu m$)。也就是最小裂缝(毛细管和超毛细管裂缝)的开度与碳酸盐岩储层粒间孔隙度是相互对应的。因此,碳酸盐岩储层基质的渗透率上限(约为100mD),这个是相对值。对于含油储层无论其饱和度怎样,即使地层厚度为几十米,只要存在微裂缝和宏观裂缝系统(图2),都可以进行整体试井。

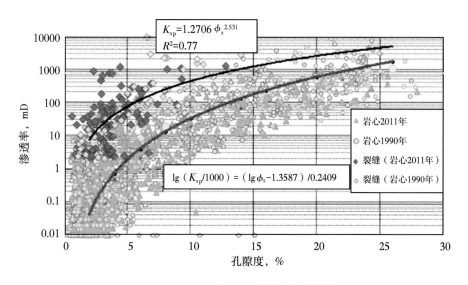

图2　油田1孔渗相关性曲线[120]

实线:岩心—测井相关性渗透率曲线,用于油田1的储量计算

通常,图2中在渗透率和线性孔隙度之间的相关系数在对数坐标系中给出。但为了便于以后的使用和将结果与原始资料进行对比,以后将使用线性坐标。

使用油田 1 每个油井区域渗透率，根据孔隙空间结构（根据储渗能力）划分岩石分界明确准则，要求采用专业研究方法获得的资料。但是该问题已经超出本书的范围，因为本书的主要任务之一是借助裸井标准综合测井资料预测渗透率。

孔隙空间结构中，与碳酸盐岩储层有关的不仅是流体在孔隙之间流动，还有沿着裂缝流动。根据成因[69]，裂缝可能是岩石成因和构造成因。原生裂缝通过各种沉积和后成过程（脱水、压实、再结晶等）在沉积岩中形成。构造成因裂缝在不同的构造压力对岩石的作用下形成，这些压力导致岩石变形并产生断裂。不同的裂缝成因造成裂缝形态的不同。

埋深大的裂缝渗透率降低的不明显，或者较稳定。在油田 1 碳酸盐沉积储层中，根据一些油井进行的试井资料，确定了渗透率高值（平均为 1.5D），当总孔隙度不大时（小于 7%），对裂缝型储层是有意义的（图 3）[172]，其中 1%~2% 的总渗透率在裂缝上。

在裂缝型和裂缝—孔隙型储层中，表皮系数 S 说明了油层中井底与裂缝系统的连通程度。如果油井不钻穿天然裂缝带，那么表皮系数较高 [有些油井的表皮系数可达 0 或者以上（图 3）]，这是由于基质渗透率比裂缝渗透率小很多。如果油井钻穿天然裂缝带，那么按照格里格尔金论文[172]中提到的裂缝分布理论，油井将具有负表皮系数，而且油井与裂缝系统水动力"理想"连通，表皮系数应大约等于 -3.5。将实际表皮系数与理论表皮系进行对比，对比值用来评价油井与裂缝系的连通性（碳酸盐岩储层中的油井的表皮系数小于 -3.5，井与含油层完好连通，对于陆源储层中的垂直井，相当于 $S=0$）。

裂缝开度是一个重要的参数。该值与裂缝强度一起可以概况性评价储层岩石裂缝孔隙度（次生孔隙度组成之一）和裂缝渗透率。

关于埋深大的裂缝开度，很久以来在刊物上就进行着激烈争辩，因为该问题不仅在进行勘查作业时很重要，而且还与合理开发有关。研究显示，埋深很

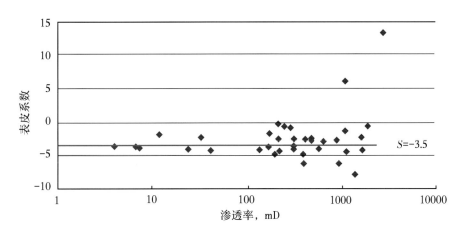

图 3　表皮系数与油田 1 油井渗透率的相关性（试井资料）

大的储集岩中的微裂缝开度，通常测量单位为微米。打开的微裂缝开度上限通常为 $100\mu m$。如油田 1，在不同压降下测量的产油剖面资料，是证明裂缝开度变化的证据之一。可见根据这些资料，产油层具有不同厚度和不同埋藏深度，如图 4 至图 6 所示[103]。研究人员确定了一个众所周知的事实，根据碳酸盐岩储油层生产测井资料，产油剖面与测井资料划出的有效含油层没有直接的关联性。但是在不同工作制度下测量的产油剖面可以大致确定了井底压力，在该压力下，与油井接触的裂缝改变了地层的渗透性。其他很多作者也提到了这一

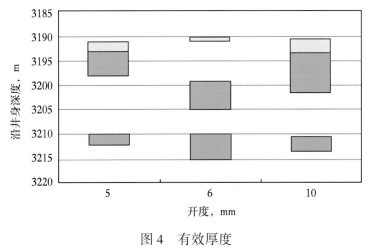

图 4　有效厚度

按照油田 1 第 1803 号油井的产油剖面研究资料

点，在裂缝性碳酸盐岩油层中油井不同工作制度下裂缝开度有变化[112]。

某些研究人员认为，在岩石压力下，裂缝能够保持自己的开度，如果裂缝中间有某种填充矿物"支承"，或者一个裂缝壁凸起搭在另一个凸起上[41]。

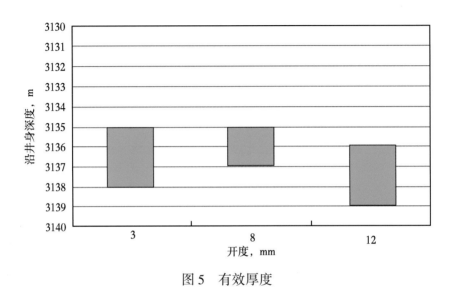

图 5　有效厚度

按照油田 1 第 1303 号油井的产油剖面研究资料

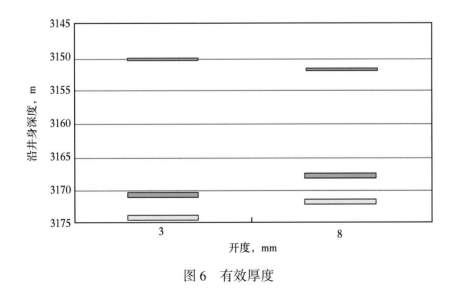

图 6　有效厚度

按照油田 1 第 1101 号油井的产油剖面研究资料

然而，当地层压力变化时，对油井含水量和产量变化进行观察发现，裂缝在张开的状态下，在绝大多数情况下，垂直缝的保持程度通常与填充裂缝的流体具有过大压力和岩石侧向压力过高有关，只有少数个别情况不是这样。

按照 К. И. 巴戈琳切娃娅的数据资料[10,12]，微裂缝开度主要为 10 ~ 20μm。显微镜下切片观察裂缝，开度更大，到达 100μm。目测观察露头时发现宏观裂缝的开度等于 100~500μm，巨型裂缝开度等于 500~1000μm。在埋深大的油气碳酸盐岩储层的实际裂缝开度，可以根据地质物探资料数字处理结果判断。

裂缝开度变化速度取决于裂缝的压缩系数，压缩系数在 $1×10^{-2} ~ 5×10^{-2}$ MPa^{-1}[10]。此时可见，裂缝压缩系数越大，裂缝开度越大。这就是说，与高角度缝相比，中—微小裂缝在地层压力波动时更稳定，且在地层压力变化时，很少改变裂缝的开度。

这里需要指出，碳酸盐岩储层孔隙压缩系数较小，在 $2×10^{-4} ~ 4×10^{-4}$ MPa^{-1}。因此当地层压力变化时，裂缝开度发生实质性变化，孔喉也基本上保持自己的开度[10]。

为了确定高角度缝形成的渗透率，建议使用按照下式处理的试井结果：

$$K_{\text{T}} = K_{\text{квл}} - K_{\text{пор}} \qquad (2)$$

式中：$K_{\text{квл}}$ 为根据井底压恢曲线确定的石油相渗透率（如果是无水油流）；$K_{\text{пор}}$ 为根据岩心确定的渗透率。

概括现有的油田 1 资料和上面提到的其他作者的研究资料，可以做出下述结论：在储层岩性描述中，仅使用了渗透率和孔隙度相关性曲线，该曲线根据测井和岩心资料计算得出，所以不能反映实际的孔隙空间结构，也不能全部应用在建立流体动态模型和编制碳酸盐岩油田开发方案时。

1.2　岩石次生孔隙度预测

对岩石储渗能力的预测，包括次生孔隙度的预测，是已确定的规律性的延伸，既有时间上的，也有空间的。在大量出版文献中，别尔曼 Л.Б、内曼 В.С、卡尔格尔 М.Д 的著作对该题目特别关注[16]。书中描述了根据储集岩等级划分（考虑了孔隙空间结构），并阐明实际中使用资料工作程序的各种观点。总的来说，使用测井资料对储集岩、更复杂类型的储层，以及采用普通地质方法研究程度不足的储层（既有陆源岩，也有埋深大的）的次生孔隙度进行预测是非常复杂的工作[16,69]，因为渗透率是岩石物性，也就是岩石性质[151]。然而，测井法仅可以确定油气层的岩石物性，诸如有效孔隙度和初始含水饱和度。渗透率为动态特性。因此，根据测井解释确定的渗透率和岩性特征之间（宏观上，例如油井的油层）没有明确的物性联系。

总之，根据研究区的地质史及其变化规律，从而使揭示该地区的次生孔隙度的变化趋势成为可能，这种变化趋势有时是质的飞越（有时是数量的变化）。这里指的是：存在区域上的沉积缺失，也有地层内部的沉积缺失，还有岩石成分在剖面和空间上的交替。

根据构造特点，复杂类型储层（有次生孔隙度）属于非均质地质系统，对它们的预测可以通过概率（随机）方法实现。

在大气条件下研究岩石的物性（包括孔隙度和渗透率），常伴有一定的误差，因为在自然状态下，岩石受到高压和温度的作用，可导致储层变形及其物性发生变化。

地质学中的模拟方法包括预测所有地质参数（包括物性参数、储层参数），然而实际中各种因素对参数计算的影响不是程式化的，这就降低了复杂类型储层参数预测的准确性。

预测复杂类型储层特点分布时产生分歧，这些分歧产生的原因是实际观测解释的不同而出现歧义。例如，对从各个油井有限的井段提取的岩石样品解释的歧义。在这种情况下，不同模型都只能解释为一种，低程式化制约了解释的多样性。

模拟不同类型储层（预测特点）时，需要考虑到，在自然界中存在一些储层类型逐步转变成另一些类型。在某些情况下，这些转换（边界）是相对的。例如：在储层分类图中[98]，裂缝—孔隙型和孔隙—裂缝型，尽管它们的渗透条件是一致的，实质上，可以视为孔隙型储层和裂缝型储层之间的过渡（中间）型。

由于具有相对均质原生孔隙度的岩石不均匀转换，常常很困难预测次生孔隙广泛发育的储层岩石储渗能力（包括渗透率）。储层物性不均匀分布导致在相似储层中、甚至在相邻的油井中石油（和天然气）产量差别巨大。这种储油层各层段具有独立的地层压力系统，和偶尔的流体动态分隔导致了储层物性非均值性[103]。在油藏开发初步设计方案阶段，甚至在采用等距井网钻开类似的油藏后，无法查明和计算复杂类型储层（主要含有次生孔隙）非均值性。为了编制区域非均值性图，需要进行针对性的补充研究，不仅仅在油井中，还要在现有资料处理方法中寻找。

目前，在勘探和开发复杂类型储层主要含有次生孔隙的油气藏时[148]，研究人员经常引用裂缝系数[6,13-15,17-21,25-28,30,32-37,46,54-58,79,85,95,96,110,111,113,122,123,128,130,143,145,146,152,161-163,170,171,177,178]。通常，根据测井指标（试井和生产测井），采用特殊方法计算裂缝系数。然而，为了实施类似油藏的合理开采措施，必须用数字化表示裂缝参数。该资料通常是不同的，并且没有某一方法的研究资料或资料很少，所以不总是可以查明它们之间的规律性。为了确定主要特征，对现有测井、试井和生产测井资料进行分类是不行的。确定主要特征的目的是在仅有测井和生产测井资料的情况下，确定储层类型和在新油井中预测其储渗能力（包括渗透率）。该问题是本书的关键问题之一。

1.3 不同测井方法识别碳酸盐岩储层中的裂缝区

文献资料概述[112]让人觉得：划分和评价碳酸盐岩储层裂缝参数是一个简单的问题。但是在标准综合测井解释时，发现标定特征不稳定，且缺少解释参数。除了标准综合测井，有时也采用特殊测井方法（FMI 测井、阵列声波测井等），用来确定裂缝密度及其主要走向。但是，与标准综合测井相比，这些识别方法并不是强制进行的，它具有一系列客观限制[112]，因此在本书中不做详细探讨。

标准综合测井方法预测次生孔隙度的实用性，也是钻井时最常用的方法。

1.3.1 声波测井

结合声波测井解释资料，分析纵波、斯通利波和能量的衰减系数，以及在剖面图中各类型不同波长的频谱特征，划分裂缝发育层段。声波测井解释参数：P 波、S 波和斯通利波，与动态参数或者频谱参数相比，误差较小。

有一种观点[60,112]认为声波经过孔洞，当岩性和孔隙度相同时，声波速度在孔洞型岩石中比在孔隙型岩石中更高（如果在孔洞形成过程中，岩石坚硬部分软化，那么声波速度则降低）。测井资料解释显示，在孔洞发育井段，根据孔隙型储层相关性曲线确定的声波测井孔隙度，小于中子—中子测井孔隙度。这个用于确定孔洞发育井段。孔洞孔隙度根据 $K_{дннк} - K_{дак}$ 的差值确定。

1.3.2 电测井

巴雅尔丘克 A. Ф[24]阐述了根据钻井液、岩石和钻井之间的电阻差识别裂缝方法。盐水钻井液的电阻为 $1 \sim 2\Omega$，当它穿过裂缝时，显著降低储层电阻率。这在横向测井图中显示。然而，本方法具有限制性，即钻井液必须具有低电阻。现代聚合物钻井液，通常不含盐，具有高电阻，与钻开岩石的电阻率差别不大。

已经确定[112]，在裂缝发育井段中，岩石电阻率低于孔隙性储层。电阻率和孔隙度系数之间的相互关系如下：

$$\rho_{\text{п}}/\rho_{\text{в}} = \alpha / (K_{\text{п}} S_{\text{в}})^{m} \tag{3}$$

式中：$\rho_{\text{п}}$ 为横向测井时测量的岩石电阻率；$\rho_{\text{в}}$ 为地层水电阻率；$S_{\text{п}}$ 为孔隙度系数；$S_{\text{в}}$ 为含水饱和度；α 和 m 为经验值，后者说明了岩石孔隙空间结构。如果 m 约为 2 时，为孔隙（颗粒）型；如果 m 约为 1 时，为裂缝型。

为了确定 α 和 m，在对数坐标中建立电阻率和孔隙度相关性曲线（例如谢尔什涅夫油田，图 7）。当孔隙度等于 6.5% 时，含水饱和度的回归曲线倾角和相关参数 m 的变化是识别低孔隙型储层中有裂缝存在，这些裂缝导致岩石导电率增大，相应地也会导致渗透率增大。获得的相关性曲线"拐点"（图 7）不是普遍的，因为这个"拐点"没有出现在研究区的所有油井中。

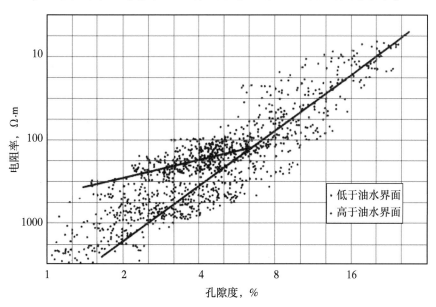

图 7　碳酸盐岩法门—杜内阶电阻率和开口孔隙度相关性曲线

有个事实，含水地层电阻率和孔隙度相关性曲线具有不同的性质，不能根据孔隙空间类型明确的划分法门—杜内阶（研究区油田地层分层命名，大概为下石炭统）。

分析已有的相关性曲线，结合剖面总特征，并且根据剖面含水饱和度，确定储油层类型[112]。

必须根据某个识别特征细化剖面。以这种识别特性作为岩石含水饱和度 S_w[112]，并根据孔隙型储层的相关性曲线最终确定含水饱和度。

如果知道 ρ_B、α 和 m，采用上述公式，可以确定含水饱和度 S_w，确定这些参数最正确和可行的方法是实验室测量法。然而，由于一系列现实原因，很难使用该方法：第一，在实验室中研究的样品有限（裂缝时储层中的岩心取样率%，总取样数量不够）；第二，测量时油气层条件计算复杂。而且，实验室研究确定了渗透率和孔隙度之间的相关性对数曲线复杂（具有折点）（图7）。除此之外，电测井也有缺点：电测井解释成果与渗透区的半径之间的相关性曲线；使用不同电测井资料处理算法时有偏差；裂缝分布对电流通过的影响（储层构造的复杂性限制了建立与测井关联的测井响应方程[69,112]）。

对于测井—测井（横向测井—中子中子测井）型谢尔什涅夫油田，由于现有测量仪器没有足够高的测量精度，所以没有获得统一的相关性曲线[112]。因此，根据具体油井的横向测井—中子中子测井相关性曲线确定了孔隙型储层的参数 α 和 m。在高于油水界面的低孔隙碳酸盐岩层段中，S_w 接近或者大于1。

根据相关性曲线确定的、孔隙度小于7%的含油岩层段 S_B，对于孔隙度 ϕ_Π 大于7%的 碳酸盐岩含水饱和度，用 S_w 表示，作为裂缝识别特征：如果 S_w 大于1，则认为是裂缝型储层。另外，为了防止出现错误，横向测井显示具有高电阻 1000~3000Ω 的层段认为是致密的，出现的错误通常与中子—中子测井的孔隙度确定误差有关。为了验证识别特征的有效系数，对谢尔什涅夫油田 79

号油井中 2020m 深以上层段进行了研究，这个有效系数当 $m=1$ 和用 α 确定，并以此建立 KWTR 曲线和含水饱和度曲线，当 $\phi_{\text{п}}$（NNK3）= 63%时，确定孔隙型岩石和裂缝型岩石回归曲线。认为：对于含油区（高于油水界面），KWTR 接近 1，表示油井穿过宏观裂缝区。换而言之，KWTR 是低孔隙度碳酸盐岩的含水饱和度，该含水饱和度根据裂缝型储层相关性曲线确定。

结论中提供了低孔碳酸盐岩储层划分思路，包括：

（1）"电导率—孔隙度对数"相关性曲线分析，用于确定储层孔隙空间结构；

（2）建立 S_{w}—BK 相关性曲线，计算 S_{w} 曲线（裂缝指标）和 KWTR（宏观裂缝指标）；

（3）处理全波测井，确定岩石声波参数，建立声波 P 波、S 波、斯通利波速度、能量和衰减系数曲线；

（4）对比全波测井和放射性测井，建立孔洞性曲线图；

（5）分析 CAT 资料；

（6）建立泊松比曲线、岩石体积收缩性曲线、孔隙空间体积收缩性曲线；

（7）分析剖面测量资料，用于从解释中删除井眼扩大段；

（8）分析气测井资料，去掉高黏土段；

（9）综合分析测井资料和剖面低孔部分的地质—物探资料，对于孔隙发育井段（$\phi_{\text{п}}$>5%~7%）根据标准方法划分。

总体上，可以参照上述附带条件的方法，在大量的测井原始资料基础上，结合测井解释方法进行划分。

碳酸盐岩储层显著特点是它的非均质性，这是由于裂缝造成的。在实际条件下，裂缝导致受裂缝限制的岩块中的岩石二次变化，导致裂缝型岩石物性非均质性明显[69]。如果是裂缝性碳酸盐岩，为了高质量评价这类岩石储层物性，采用标准电测井方法（电位电极系和梯度电极系）也不太合适。根据生产测井资料评价碳酸盐岩产油能力时，须要考虑这些岩石的裂缝参数，这些参数可以识别某些孔隙空间分布的规律。之前的分布规律认为是杂乱无序的，在裂缝系统几何学基础上进行有序化处理，并根据油井剖面划分渗透带[69]。

确定裂缝型岩石体积时（包括碳酸盐岩），首先要知道储油层厚度（层位、厚度）。对于碳酸盐岩，这有时会有些困难，因为现代电测和放射性测井方法不提供可靠的裂缝型岩石产层厚度确定资料[69]。

岩性研究表明，产层厚度较大时，不一定整个厚度都是有效厚度。在研究区油井的地层剖面图中，一般确定有较高裂缝渗透率的层段。这些层段的厚度总和组成了产层的有效厚度[69]。

研究区剖面的岩石孔隙度（体积）基本一致。这种方法计算得出的厚度，将永远小于测井资料选用的厚度。然而，计算这种储层的石油储量时，常常不得不根据油藏的整个体积进行计算[69]。

解释测井资料时，通常采用模拟法，根据该方法加载各种实际资料。解释结果取决于选用的模型与实际储油层的符合程度[69]。

然而，即使在储层类型明确的情况下，根据测井资料也不总是清楚地评价其孔隙类型。这是由于实际的碳酸盐岩经常具有不同类型孔隙类型随机分布。同时，解释测井资料时采用的模型，不允许考虑到碳酸盐岩（裂缝型岩石）容积参数这个随机特性。采用的模型过于单一简单化，所以经常不能体现实际碳酸盐岩储层构造的复杂性[69]。

为了克服解释测井资料时出现的碳酸盐岩结构特点复杂多变性带来的困难，建议可以采用随机模拟。这种模拟在于确立概率体，该概率体说明了复杂系统特点。该复杂系统的特点是，确定该系统的参数没有恒定值，而是在一定范围内变化。裂缝型碳酸盐岩可以归入这种系统[69]。

也就是说，在研究碳酸盐岩含油层时，首先注重研究孔隙空间结构，而不仅仅是岩石组分。

1.3.3　识别裂缝孔隙度和基质孔隙度

为了更可靠地划分孔隙型储层，采用综合生产测井（自然电位测井、电阻率测井、横向测井、伽马测井、中子伽马测井、井径测量组合）。孔洞型储层与自然电位测井曲线的特点相似。但是首先根据钻井过程中的钻井液易漏区所在位置划分孔隙型储层[69]。

B. M. 道伯雷尼建议并尝试在巴什基尔油田、奥伦堡凝析气田和田吉兹（哈萨克斯坦）油田使用根据孔隙空间划分碳酸盐岩的方法[142]。在方法中加入了弹性波传播速度（v_p）和下述压缩系数（β）的相关性曲线：粒间孔隙（$\beta_\text{п}$）、流体饱和度（$\beta_\text{н}$—石油，$\beta_\text{в}$—水），固相$\beta_\text{тв}$、裂缝$\beta_\text{р}$和孔洞$\beta_\text{кав}$：

$$\Delta T_\text{п} = 1/v_\text{p} = 0.5\{\beta_o\delta_\text{п}(1+\nu)/[3(1-\nu)]\} \tag{4}$$

式中：β_o 为孔隙体积压缩率系数；$\delta_\text{п}$ 为岩石体积密度；ν 为泊松比；$\Delta T_\text{п}$ 为纵波间隔时间。

然而，为了使用上述方法将岩石划分为储层类型，需要计算一系列经验值。这些经验值在不同油田是不一样的。还需要在油田 1 资料处理范围内，全部重新解释所有油井测井原始资料。换而言之，该方法属于数量方法。在本书中，将尝试采用质量方法，通过在已经解释的中子、密度和声波测井法中查明规律性，并借鉴最能反映储层岩石结构变化的纵波、横波和斯通利波行程时间变化资料，将储层岩石划分成各种类型（孔隙、裂缝、孔洞）。

2 在油田 1 油井中进行的测井、生产测井、试井结果概述

本章叙述了在油田 1 油井中进行的测井、生产测井、试井结果统计资料。

2.1 在油田 1 油井中进行的测井结果

预测岩石物性，包括它们的次生孔隙度（渗透率），是在裸眼井中按照测井确定的岩心性质和岩石物性相互关系的外推。

特别是，为油田 1[172] 建立了岩心—岩心、岩心—测井关系，评价了产油层储渗特征及其变化范围（图 8）。

在与剖面井段有关的岩心样品上，获得两个相关性曲线：孔隙型储层和孔隙—孔洞—裂缝型储层相关性曲线。

然而，相关性曲线具有一个特殊性，当在从不同油井岩心取样结构中有明显区别时，外推每个油井及整个含油区的渗透率计算值是不可能的，含油区可能达到几百米深。与含油区体积相比，岩心只是一个点的资料。这在开采碳酸盐岩储层时非常重要。在这些碳酸盐岩储层中不仅在孔隙之间，还在不同稠密度和开度的裂缝中有渗透率。抽取岩心时，当油井穿过裂缝带时常常破坏岩心。也就是，根据新油井评价储渗能力时，在岩心与测井协调阶段，可能会出现明显偏差，甚至对于这种区域，在这些区域中选择的岩心属于裂缝分布范围。

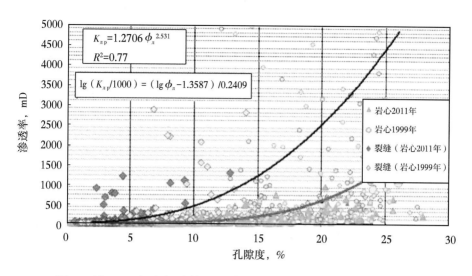

图 8 油田 1 渗透率系数和孔隙度的岩石物性相关性曲线[120]

为了获得原始资料，在开发油田时，应根据描述在岩石渗透过程流动的参数，按储渗能力对岩石分类。这需要用到现代渗透理论。总结现有资料可以确定，岩石渗透性不均匀（基质—裂缝的过渡段）在最大限度上出现在两相渗透过程中。在非均质岩层中的两相渗透模型与均质岩的单相渗透模型有根本的区别[16]。在非均质岩层中，两相渗透模型可以采用不同工作制度之前的流体饱和度阈值，以及流体饱和度从一个值到另一个值的转化时间来说明。根据储渗能力，这些参数可以将岩石分组。

应考虑到下面因素，当评价油田 1 法门阶沉积层产油能力时，禁止对按照不同研究结果取得的储渗能力求平均值[16]。

对于法门阶岩石，油田储渗能力分布与西伯利亚油田和奥焦尔油田储层储渗能力分布相关性[112]。包括：当这些层段孔隙度不高时（5%~7%），观察到碳酸盐岩剖面上小层的实际渗透率比孔隙小层渗透率明显升高（一倍以上）。在油田 1 中钻开的法门阶沉积层上，可以观测到孔洞—孔隙型储层的区块。根据测井资料显示在整个碳酸盐岩厚度裂缝发育，包括在孔隙—孔洞区之间致密的过渡段上（图3）。

2.2 在油田 1 油井中进行的生产测井解释结果

油田油井周边区域渗流机理的资料来源之一是生产测井解释结果，目的是确定产油剖面。理想情况下，这些资料应显示哪些地层是产层或渗透层。

尝试验证是否在生产测井确定的储层渗透率与测井解释岩石物性之间存在某种规律性［图9（b）］[72]。图9（a）中，提供了经验法确定规律性的总流程图。考虑流入—流出剖面的数据，发现测井解释的岩性分布与邻井的分布不同。根据整个油田岩性分布图显示，测井资料确定的局部地层岩性分布部分重叠，仅能证明储层岩性，而不能给出规律性。

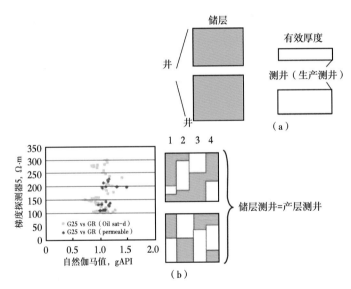

图9　根据测井确定的有效厚度和参照生产测井资料确定的校正后的有效厚度

如图10所示，哪些油井打开的井段和射孔井段为生产井段。然而，在最新的研究中显示，过去收集的资料不够。如果采用生产测井解释成果确定在油井不同工作制度下获得的产油剖面，那么在井身结构上，"产层厚度"无法明确确定，在不同工作制度之间厚度是变化的。如图4至图6所示，通过油田1个别井的生产测井解释成果可以发现，不同工作制度下，"产层厚度"不同的情况体现在深度和厚度的不同上。这证明了油井在不同工作制度下工作时，远井地带和近井地带的裂缝开度在变化。但是，可以确认哪部分地层贡献了产量，哪部分没有贡献产量（图 11），因为仅用井温测井和流量测井资料就可以确定产层厚度。

上述证据不能明确给出关于产层厚度变化原因的结论。综上所述，钻开的层位和层段为含油储层，这些储层不仅在储层内部，而且在各种岩性之间均为统一的裂缝系统。不仅有微裂缝（在岩心样品中），也有宏观裂缝（在产层中）。

2.3 在油田 1 油井中进行的试井结果

处理油田 1 油井试井资料时，确定了表皮系数分布与渗透率无关（图 3）。如上所述，表皮系数不大于 -3.5 时，表示在油井和油层之间通过裂缝系统存在完好的连通。对于既具有大渗透率（几百毫达西），又具有小渗透率（10mD 以下）的油井，该规律性同样适用。

关于渗透特性的问题，无法明确划分岩石基质和裂缝渗透率之间的边界。高尔夫－拉赫特 T. Д[49] 提供的图 1，给出了在图表中沿线路 3 延伸的礁灰岩基质的渗透率

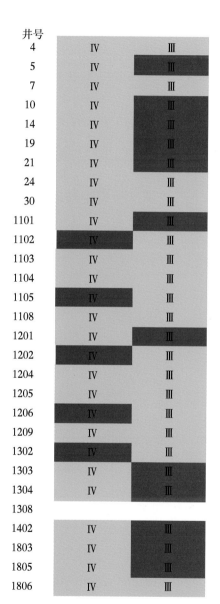

图 10　油田 1 中用油井钻开的地层分层

分布。但是该资料同样无法清晰答复基质主要在哪个渗透率下工作：100mD 以下或者是 1000mD 以下。因为，在确定的裂缝尺寸（开度）下，它们的横截面

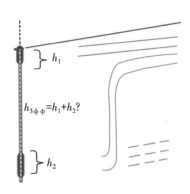

图 11　为了在解释试井资料时计算渗透率，根据产油剖面结合生产测井
资料确定的有效厚度具有不确定性

基本上等于碳酸盐岩中粒间孔隙尺寸（百分之几至十分之几毫米）。因此，从
基质渗透率到裂缝渗透率推论的过渡边界不可能清晰确定（图 12，垂直绿色
虚线）。

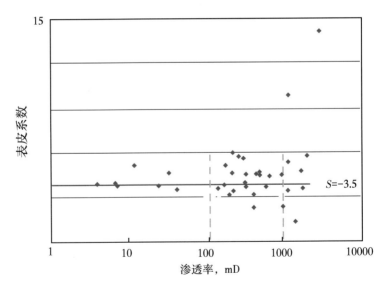

图 12　在油田 1 油井中，根据试井资料的表皮系数和渗透率划分

处理油田 1 油井试井资料时，获得了渗透率和孔隙度范围。根据孔渗比无
法画出某种趋势规律，将其与根据岩心—测井相关性曲线获得的渗透率和孔隙
度趋势进行对比（图 13）。

当然，这种对比是不具体的，因为在某种情况下可能为点状云团（根据试井解释的渗透率），另一种情况下就为点状趋势（根据岩心—测井相关资料）。将根据试井资料点状云团获得某种趋势与根据岩心—测井相关性曲线获得的相关性进行对比是不可靠的，因此可以重新检验现有试井资料及其解释以获得渗透率和孔隙度分布的重要证据，且查明孔渗之间的规律性（确定趋势），也可以是试井解释的孔渗规律性和综合测井解释孔渗之间的相关性。

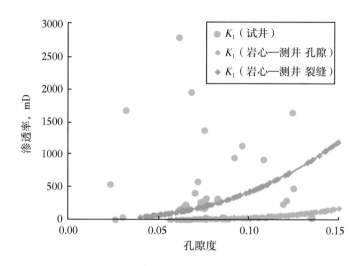

图 13　根据油田 1 油井试井解释结果的渗透性和孔隙度范围，根据油田 1 油井
岩心—测井相关性曲线建立的渗透性和孔隙度趋势

卢西亚[89]和维克托林 B. Д[41]的著作成为有利于检验试井解释结果的补充论据。卢西亚确定了碳酸盐岩含油层渗透率和孔隙度相关性曲线图，在该图上可见岩石类型对应的岩性分组，据此可以确定渗透性和孔隙度分布。确定储渗能力时，除了岩性，孔隙空间结构也起着重要作用，由于碳酸盐岩含油储层受二次侵蚀程度不同，孔隙空间结构也不同。

维克托林 B. Д[41]确定了下述碳酸盐岩储层分类及其伴生的亚组分类（表 1）。

孔隙渗透率超过 0.1D（表 2）的高产（高渗透的）碳酸盐岩储层属于第一类。主要为孔洞型、孔隙型、孔洞—孔隙型储层。渗滤通道半径与大多数孔隙半

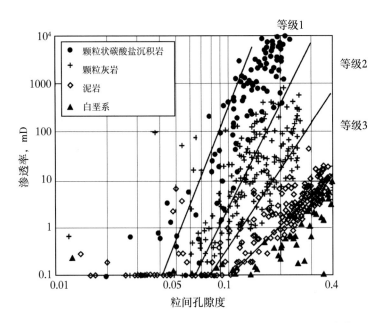

图 14　孔洞型灰岩孔渗相关性曲线，以某油田为例[89]

径接近（20μm 以上），所以碳酸盐岩储层孔隙空间结构接近陆源储层孔隙空间结构，具有相同的渗透率。该类的碳酸盐岩储层有效孔隙度下限为 10%~15%，利用根据生产测井资料建立的有效孔隙度分布图，可以确定它们的空间分布。通常，可发现有效孔隙度和渗透率之间的相关性。属于本类碳酸盐岩储层的油藏开采条件，与高渗透率陆源油层开采条件相似[41]。

表 1　孔隙型和孔洞型碳酸盐岩储层简要分类[41]

储层		孔隙渗透率 D	渗透半径 μm	孔隙和孔洞半径，μm	有效孔隙度下限，%
类别	类型				
Ⅰ 高渗透率的（高产的）	孔洞型、孔洞—孔隙型、孔隙型	>0.1	14~20 及以上	20~500	10~15
Ⅱ 中渗透率的（中产的）	裂缝—孔隙型 裂缝—孔洞型	0.01~0.1	5~14	140~500	8~10
Ⅲ 低渗透率的（低产的）	裂缝—孔洞型 裂缝—孔隙型	0.001~0.01	3~5	300~500	4~8
Ⅳ 致密的（潜在产油气层）	裂缝—孔洞—孔隙型	<0.001	2~3 及以下	500	2~4

第一类储层：

中渗透率的（中产的）碳酸盐岩储层属于第一类，孔隙渗透率为 0.01~0.1D。该储层主要为裂缝—孔隙型和裂缝—孔洞型。裂缝的作用在此暂不做详细描述，将在下面进行叙述。这里需要指出的是，根据测井资料确定的平均裂缝渗透率等于 0.05~0.06D，与孔隙渗透率接近，因此在第一类碳酸盐岩渗透性质中有重要作用。渗滤通道半径（5~15μm），平均比孔隙和孔洞半径低一个等级（140~500μm），因此碳酸盐岩储层孔隙空间结构与陆源储层孔隙空间结构不同。有效孔隙度下限为 8%~10%，可以根据有效孔隙度图确定这些储层的空间分布。然而，有效孔隙度和孔隙渗透率的相关性非常不稳定。属于该类碳酸盐岩储层的油藏开采条件，与具有相同渗透率的陆源储层的开采条件不同，可以采用注水法达到更高的石油采收率[41]。

第二类储层：

低渗透率（低产的）碳酸盐岩储层属于第二类，孔隙渗透率为 0.001~0.01D。该储层主要为裂缝—孔洞型和裂缝—孔隙型。（对第二类储层储容性没有影响的）裂缝对储层的渗透性具有重要作用。当孔隙和孔洞半径为 300~500μm 时，渗滤通道半径为 3~5μm。孔隙空孔隙结构与陆源储层的孔隙结构区别较大。有效孔隙度下限为 4%~8%。孔隙度和渗透率之间没有相关性。属于该类碳酸盐岩储层的油藏开采条件，与具有相同低渗透率的陆源储层的开发条件非常不同，后者基本上不算是工业开发项目，此时碳酸盐岩油层可以使用注水法开采[41]。

第三类储层：

潜在（致密）碳酸盐岩产油气层属于第三类，孔隙渗透率小于 0.001D。该储层主要为裂缝—孔洞—孔隙型，虽然经常会遇到孔隙—裂缝型或者孔洞—裂缝型。孔隙空间结构为最典型的单一碳酸盐岩油层，有效孔隙度低，其下限为

$2\% \sim 4\%$，上限为 $10\% \sim 15\%$。当孔洞半径不小于 $500\mu m$ 时，渗滤通道半径为 $2 \sim 3\mu m$，通常不含有工业油流。属于第三类碳酸盐岩储层的油藏开采条件是最复杂的，受裂缝渗透性制约。当这类储层为异常高压系统且裂缝开度足够大时，可以使用注水法合理开发油藏。如果在静水压力下，裂缝率表现较弱，通常认为第三类储层为致密储层，可能含有不可流动的石油。

2.4 综合分析在油田 1 油井中进行的测井、生产测井、试井结果后所得出的结论

根据 测井、生产测井、试井结果概述，可以确定：

（1）油田 1 储层通过分析岩心、产油剖面、生产测井和试井资料显示：岩石类型属于裂缝型。

（2）基质储层渗透率和裂缝型储层渗透率之间没有清晰的界限，可能与裂缝规模从微观到宏观之间变化有关。

（3）根据综合测井资料无法确定该井的产液能力以及明显的产液特征和规律（生产测井无法确定渗透性），因此钻开储层后对含油层段的划分可以辅证生产测井显示的整个油田的产油剖面。

3 对比油田1条件下的测井和试井资料，编制碳酸盐岩油气储层渗透率预测方法

正如第2章所述，为了能够根据试井资料，查明孔隙度和渗透率的分布趋势，必须重新检验它们的解释结果。或者换句话说，必须借助重新解释来编制技术标准（《培训如何选择》一书）[44]。每个油井的试井资料解释结果与其计算中输入的参数有关，主要参数有孔隙度、含油储层厚度、石油黏度，石油体积系数、流体渗透模型。上述每个参数的影响，在克雷戈诺夫 Π. B 的论文中[82]进行了详细研究，此处不做额外重复。

在3.1节中，主要研究内容为有效含油储层选择、计算中采用的渗透率选择和井周区域流体渗透模型的选择。这两个参数的选择与含油储层构造特征有关。每个研究的工艺特点都有自己的作用，将单独叙述。

3.1 油田1油井的试井资料重复处理

3.1.1 选择处理试井资料时的解释模型

处理试井资料时，影响解释模型选择的有压力恢复曲线导数类型、地质构造（研究区域中的主要岩石类型形成时间）、岩石结构（岩石成分和沉积环境资料）和储油层构造 [是否具有封闭和不封闭边界（图15）]。

油田1的储油层为裂缝型碳酸盐岩礁体[120]。礁体圈闭，通常从礁体顶部

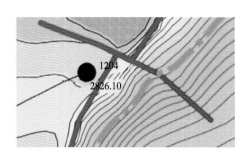

图 15　影响解释模型选择的的构造特征

对构造或岩性边界对压力曲线的影响可能是相同的

到礁体底部均为含较高渗透率和异常高压的油层，包含在其中的碳酸盐岩地层从地层顶部到地层底部均匀包围着垂直裂缝系统网[41]。表皮系数、渗透率和不同工作制度下产油剖面的生产测井资料也证明裂缝的存在。由此可以做出以下推论：在油井的井周区域和远井区域内，D3fm 含油层的 Ⅲ 和 Ⅳ 产油小层穿过垂直裂缝系统，产油小层内的流体动态连通。此时，油层中裂缝（中裂缝和小裂缝）系统的存在，可以解释为"均质地层"解释模型［在多数情况下，解释油田 1 油井试井资料时给出了合格的匹配图 16（a）］，也可以解释为不同油层经过裂缝系统时的"双重介质"解释模型［图 16（b）、图 17］。当缺少补充资料时，两个解释模型都适用，但是给整个油田每口井两个产层中的一个产层设置渗透率实际的范围非常困难。

补充资料可以改变解释试井资料时选定的渗透率模型，补充资料可以是产油剖面资料和不同工作制度下油井作业时（不同产量）井底压力变化记录资料。如上所述，根据生产测井资料可以发现不同工作制度下产油厚度的变化，主要为裂缝开度的变化。如果在油井周围区域发现裂缝，那么它们可能在油层中广泛分布（图 12）[172]。因此，如果不同油井钻开两个油层，它们之间被致密层分隔开，那么不排除具有连接两个含油层的裂缝系统存在的可能性。双重介质模型允许流体沿裂缝系统从一个油层到另一个油层窜流。有一种情况，即当一个钻开的油层与油井的连通性不好时，且有压降漏斗的情况，产油剖面上显示的地层流入流体不是来自产层，而是来自与油井连通性好的另外的地层。所以在处理试井资料时，要综合利用各种方法获取的产层资料，详见 T. E. 加夫琳娜 和 B. A. 尤金著作中所推荐的叙述[44]。

在列科尔油田油井中，发现在 D3fm 油层整个厚度上存在裂缝系统[112]，完全可以证实油田 1 的 D3fm 油层中有裂缝系统的存在。纵向上，在两个产层之间划分了一个 600m 厚的碳酸盐沉积层，这一沉积层中也存在裂缝系统，在艾因扎莱油田证实了裂缝系统存在和流体相互交换的证据[49]。

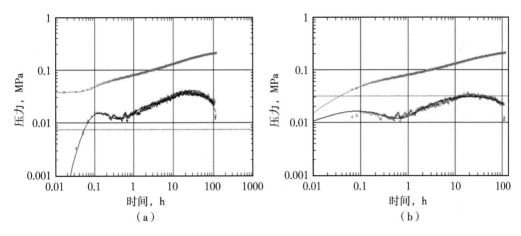

图 16　用于选择均质油层的流体渗透解释模型（a）

和双重介质模型（b）时的判断图和匹配图

作为证明重新解释现有油田试井资料及首选"双重介质"解释模型合理性的第二个事实是，在判断图中实际测量压力和计算压力资料匹配程度。油层构造和孔隙空间结构不仅影响压力恢复曲线图，也影响各种工作制度下油井工作时测量的井底压力曲线，如图 18 所示。

在图 18 中给出了油井在不同工作制度下工作时（橙色椭圆标出）和实际测量压力恢复曲线（蓝色椭圆标出）。如果仅分析压力恢复曲线，不考虑工作制度下实际测量压力，那么在两种模型：均质油层模型、双重介质模型，都可见匹配程度较好。但是，如果综合分析，在尝试使用均质油层模型时［图 18（a）］，

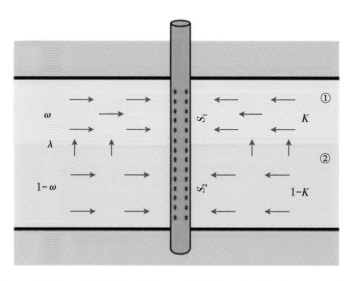

图 17　根据双重介质解释模型，流体流入油井的渗透过程描述

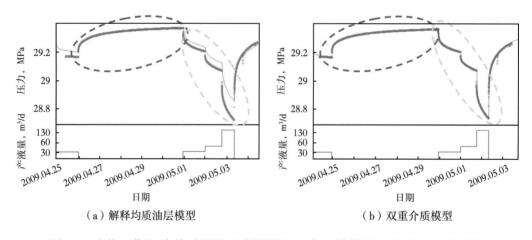

（a）解释均质油层模型　　　　　　　　（b）双重介质模型

图 18　油井工作和关井时测量的实际测量压力和计算压力之间的匹配程度

对各工作制度下井底压力记录期间的计算压力和实际测量压力进行匹配时，将会发现实际测量压力和计算压力之间的误差。当使用双重介质模型［图 18（b）］对各工作制度下井底压力记录期间的计算压力和实际测量压力进行匹配时，将会发现实际测量压力和计算压力几乎匹配完美。

重新检验之前进行的试井资料解释的第三个重要的原因是：碳酸盐岩储层（礁灰岩）和裂缝渗透率临界值可能等于 0.1D 左右（图 1）。观察试井结果数量指标（图 19），可以发现 20 个油井的渗透率大于 0.1D，可能符合裂缝渗透率（当表皮系数不大于−3.5）。也就是说，这些油井可能通过裂缝系统与油层连通，这些裂缝大概率会穿过整个碳酸盐岩储层（两个独立的含油层）。综上所述，含油层之间有连通性可以在处理试井资料时使用双重介质模型。

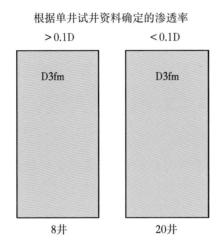

图 19　初始解释油田 1 油井试井资料时，各油井渗透率在数量上的关系

3.1.2　解释试井资料时选择输入参数

油层厚度和孔隙度的选择是解释试井资料时最有争议的方面之一，因为地层厚度和孔隙度对油层渗透率计算结果产生影响。

存在不同看法，解释试井资料时采用哪个有效厚度[82]。

（1）传统方法：计算各个含油小层厚度总和，这些各个含油小层厚度根据裸眼井标准测井综合方法划分的。

（2）第二个方法：计算射孔井段的小层厚度总和。

（3）第三个方法：（支持这种方法的人认为）必须采用井壁上的产油层厚度用于计算渗透率，这些产油层根据生产测井"组分—油流"分析资料确定。

上述每个方法的适用范围都带有某些附加条件。关于油田 1 油井的试井解释，考虑到地层中存在裂缝和各层之间存在窜流，如果仅钻开其中部分有效含油地层，最有可能出现的是，将对整个有效含油地层起作用。

解释试井资料时参与计算的孔隙度，在考虑到推论整个有效含油厚度参与，应采用具有储层物性的所有含油小层之间厚度平均加权值。

3.1.3　试井资料重新解释结果

在上述内容基础上，对油田1试井所有合格资料进行重新解释，主要使用了双重介质模型。当然，并非所有采用双重介质模型的重新解释都是成功的。也有一些特殊情况，比如在成功进行了重新解释后，却得到了油层（Ⅲ和Ⅳ小层）渗透率和表皮系数异常值。

重新解释后，根据试井结果获得的孔渗相关性如图20所示。

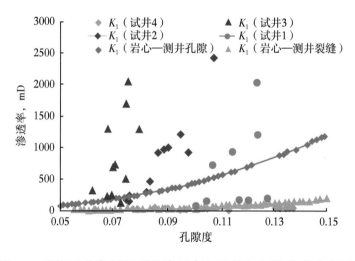

图20　根据试井资料得到的渗透率和平均加权孔隙度分布图

根据试井资料获得的孔渗点，采用图形法进行了分组，如图20所示。三个接近垂直的组（分别用蓝色、红色和灰色表示）在某种程度上重复了卢西亚[89]和维克托林 B.Д[41]的著作提供的宏观上的孔渗相关性分组图（图14）。

根据油田1油井试井重新解释结果对渗透率进行分组，各个组具有明显的标志特征，见表2。

表 2 根据储层类型划分后的储渗能力

组编号	1	2	3	4
$K_{общ}$，mD	40~2000	40~3000	40~7000	<40
$\phi_{пор\ ср\ взв}$，%	10~13	8~10	5~8	4~15
$\phi_{матр}$，%ОТК$_{общ}$	25~50	15~20	5~10	5~10
$\phi_{трещ}$，%ОТК$_{общ}$	50~75	80~85	90~95	90~95

通过对比发现：根据孔隙空间结构确定的储层类型，其所划分的渗透率分组与维克托林 В.Д[41]给出的分组在以下两点是吻合的：（1）根据孔隙度划分储层类型；（2）根据基质和裂缝渗透率划分储层类型。根据孔隙度划分储层类型属于剖面选择划分第一种类型。

储层组划分的数量要符合采用储层最小数量概念，最小数量为编制在碳酸盐岩中开发油田方案时所必需的数量[16]。

3.2 油田 1 油井的测井资料再处理（重新处理）

3.2.1 在试井资料划分的孔渗分类基础上，制定测井分类准则

除了表 1 中列出的特征，在分析测井资料时，还查明了每组分类之间的差别。根据质量标志特征对研究性质进行条件离散范围划分，也就是，将钻开的岩石划分为不同类型的储层[16]，数量特征[16]很多时候不可靠。在研究声波测井曲线时，发现主要质量标志特征，指的是：在纵波、横波、兰姆波和斯通利波在测井图上显示的变化特征。声波测井是为数不多的可以判断孔隙空间结构资料的方法之一。声波测井不仅对孔隙空间体积变化敏感，并且对是否存在直接与井壁连接的裂缝敏感。每组声波测井曲线图的标志特征不一样，所以都可

以通过各组的标志特征确定。

第一组（图 20 中蓝色）。在 DTL 曲线（兰姆波—斯通利波）上（背景为横波和纵波经过的时间增加），兰姆波—斯通利波有剧烈跳跃（图 21）。

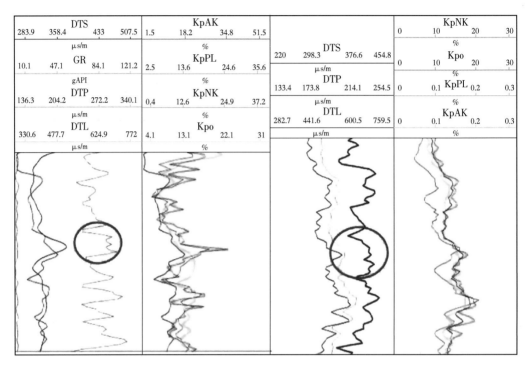

图 21 渗透率属于第一组的油层兰姆波—斯通利波变化特征

第二组（图 20 上红色）。在 DTL 曲线（兰姆波—斯通利波）上（背景为横波和纵波经过的时间增加），兰姆波—斯通利波有剧烈跳跃。兰姆波—斯通利波具有对比增长和类似的变化特点（图 22）。

第三组（图 20 上灰色）。在 DTL 曲线（兰姆波—斯通利波）上（背景为横波和纵波经过的时间增加），兰姆波—斯通利波有剧烈跳跃。与第一组的标志特征相比，这些波的幅度要大很多（图 23）。

关于属于第四组（图 20 上橙色）的点。在研究声波测井曲线时，该组没有某些区别于其他组的标志性特征。

该组分布的点主要的特点是，根据试井资料，不论孔隙度大小，渗透率不

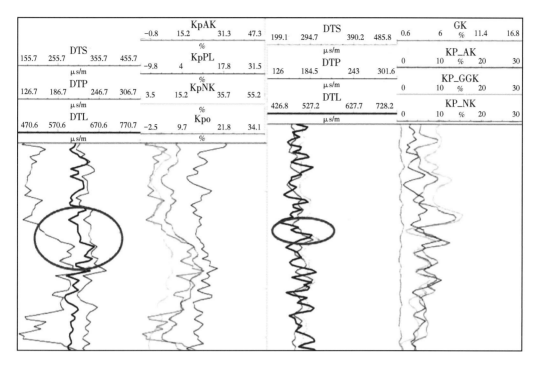

图 22 渗透率属于第二组的油层中兰姆波—斯通利波变化特征

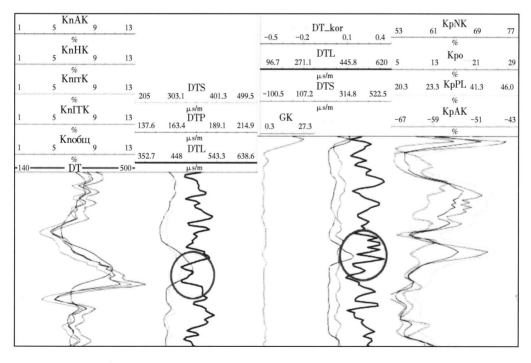

图 23 渗透率属于第三组的油层兰姆波—斯通利波变化特征

超过 40mD（图 24）。

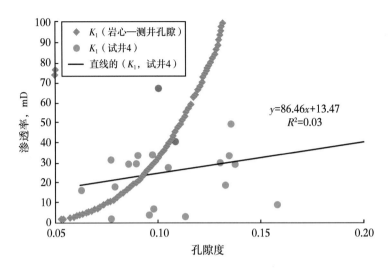

图 24　根据试井资料分析的第四组孔渗点分布图

除了在测井图上研究测井曲线变化特征外，还可以根据孔隙空间类型划分来确定钻开油层的识别特征，对原始测井资料进行统计分析，建立油井钻开层段中井内仪器记录参数分布的柱状图。根据下述测井类型研究了划分出的小层（含油层）资料：

（1）声波测井，记录纵波、横波和兰姆波—斯通利波；

（2）自然伽马测井；

（3）热中子—超热中子测井；

（4）电阻率测井，利用不同长度的梯度探测器；

（5）电位测井，带横向和纵向定位探针。

对于大多数测井法，柱状图只显示了划分的各组（孔隙空间类型）值分布和相互重叠（图 25）的情况，所以不适合作为识别特征来确定属于哪个孔隙类型。

对于中子伽马测井，根据柱状图确定了将其作为识别特征的规律性，目的是将确定的层段划入四组孔隙空间中的某一组。

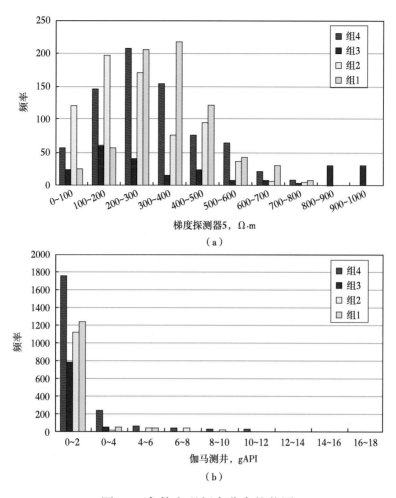

图25　参数出现频率分布柱状图

对于第二类和第四类中的储层，在记录了兰姆波—斯通利波经过时间的声波测井曲线图上没有发现锯齿状变化（图22）。这个特征对于大多数孔隙型储层是有代表性的。为了划分这些储层，应转到中子伽马测井柱状图中（图26）。对于本方法可详见第四组储层中的识别特征的主要限制范围，在2～6eV范围内。如果在中子伽马测井柱状图中没有2～6eV的主要限制范围，那么有这种特性的产层段可以归入第二组储层（孔隙型）。

划分了所有四组储层的参数后，可以将油田含油层划分为以下4种孔隙空间类型：

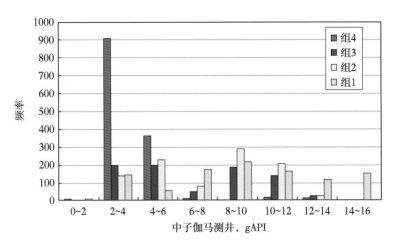

图 26 参数出现频率分布柱状图

（1）第 1 类型（第 1 组），高渗透率孔洞型和孔洞—孔隙型岩石，高孔隙度；

（2）第 2 类型（第 2 组），中渗透率裂缝—孔洞型和裂缝—孔隙型岩石，中孔隙度；

（3）第 3 类型（第 3 组），低渗透率裂缝—孔洞型和裂缝—孔隙型岩石，低孔隙度；

（4）第 4 类型（第 4 组），低渗透率致密块状岩石，孔隙度从最大到最小。

应当指出的是，根据试井再处理（重新处理）结果，第 4 类型低渗透率储层，通过不同等级的裂缝系统参与到油井的流体渗透，裂缝系统可以将该储层与含有更高渗透率储层连接到一起。所以，将这种类型岩石从储层中去掉是错误的[16]。

3.2.2 油井测井分类结果

正如在 3.1.3 节和 3.2.1 节中确定的，划分出的渗透率和孔隙度分布的组，这些组相互之间不仅具有数量差别，还有质量差别。这些差别确定了每组的趋势方程式。根据声波测井（兰姆波—斯通利波）和中子伽马测井资料，确定属于哪个储层类型后，这些方程式可以用来计算钻开储层的加权平均孔隙度所对应的渗透率。

图 27 中给出了渗透率计算趋势，它们给出了各个组（储层类型）孔隙度分布点。第 2 组和第 3 组具有足够紧密的分布点。由于计算的均方根误差较小，所以不需要重新检验现有分布点的分组。对于第 1 组：该组分成了两个小组（a 组和 b 组），在建立趋势方程式和确定均方根值误差时，它的值是不采用的。这个已经通过试井计算得出的孔渗相关性进行了检验。根据测井资料确定了组 1a 和组 1b 之间的某些识别特征和差别，但并不能给出最终结果，可能需要单独立项研究。第 4 组的点确定的趋势方程式没有什么特别意义，因为无论孔隙度多少，该组的点分布所有渗透率在不超过 40mD 的界限内（图 24）。

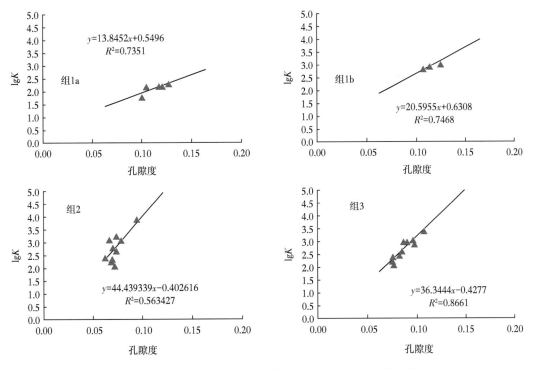

图 27　根据划分组（储层类型）的渗透率计算趋势

3.3 结论

根据本章得出的主要结论如下：

（1）油田 1 储油层的岩石分为 4 种类型，根据储渗能力（K, ϕ）和测井（声波测井+中子伽马测井）划分，它们有着本质区别[74,75]。

（2）大部分油井通过裂缝系统，与储层较好（完整的）连通，这种连通可以外推至储层深部，直至查明储层类型的研究半径（根据试井）[73]。

根据本章得出的结果如下：

（1）编制碳酸盐岩含油层渗透率预测方法（根据试井确定的储层类型，得出计算渗透率的方程式）。

（2）确定储层类型的质量和数量特征（图 28）。

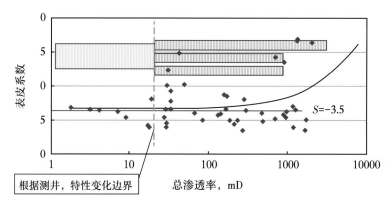

图 28　根据试井再处理（重新处理）结果确定的储层类型和渗透率分布数量和质量图

（3）大部分油井通过裂缝系统，与含油层具有好的（完整的）连通，这种连通可以向含油层深处延伸至储层类型研究半径（根据试井）[73]。

4 检验采用的推论和油田 1 油井的测井和试井资料再处理(重新处理)结果

4.1 检验油田 1 油井含油区流体的主要渗透模型

采用直接法和间接法检验油田 1 油井含油区流体的主要渗透模型。

直接法指采用干扰试井法研究解释资料,2012 年在油田 1 的 4 号井和 1401 井之间进行了干扰试井。

4 号井和 1401 井之间的干扰试井法试井工艺流程图如图 29 所示。

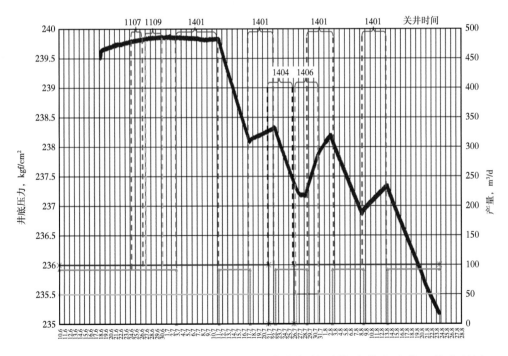

图 29　4 号井、1401 井、1107 井和 1109 井之间的干扰试井法试井工艺流程图

研究时间 2012 年 6 月 18 日—8 月 23 日

此外，图 29 中还给出油田其他井工作制度变化周期，4 号井中的自控压力计记录了这些周期。生产井 1404 井、1406 井和排水井 1107 井、1109 井也属于这种。

记录的 4 号井井底压力曲线说明了在 4 号丛式井之间存在流体动态连通。记录的井底压力根据 4 号丛式井工作制度变化而变化。

除此之外，还认为 1107 井和 1109 井中排水区和 3 号、4 号丛式井区域之间有流体动态连通。下一步将检验这种判断。

图 29 中 4 号井在井底压力记录期间（从 6 月 18 日到 7 月 3 日），可以观测到井底压力平稳升高，从 6 月 18 到 6 月 30 日，压力从 239.3kgf/cm² 升高到 239.6kgf/cm²。之后 4 号井的井底压力停止增加。考虑到在油田 1 中没有注水井，但是有排水井 1107 井和 1109 井（向 D3fm-Ⅱ层排放注入水，D3fm-Ⅱ层比 D3fm-Ⅲ和 D3fm-Ⅳ生产油层深 120m），所以判断有含油层和排放注入水层之间的沿地层的连通。该判断在图 30 中画出，排水井停止工作时间用括号和虚线划分出。

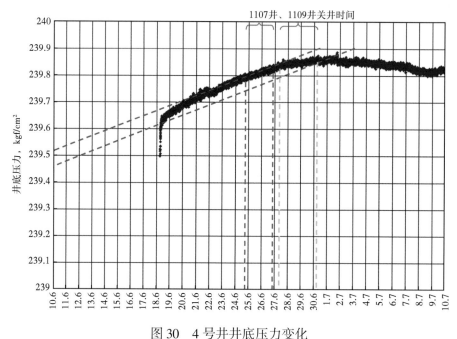

图 30　4 号井井底压力变化

研究时间 2012 年 6 月 18 日—8 月 23 日

2012 年 6 月底停止排水，在 4 号井中记录的井底压力停止增加（下部红色虚线：显示当停止向 1107 井和 1109 井排水时，井底压力增加减缓了多少）。因为在该期间，油田其他油井没有改变自己的工作制度，所以决定在 7km 远的地方（从 1107 井和 1109 井到 4 号井）模拟底水层平均导流性和导压性（4 号井由于注满水而停止）。在该判断下，成功模拟了 4 号井的井底压力，以及对 1401 井工作制度变化造成的实际测量压力脉冲量幅度的影响。

图 31 中给出 4 号井中实际测量的井底压力外推曲线表，如果向 1107 井和 1109 井排水不停止（褐色线）的情况下。尽管外推井底压力增长在实际中为压力下降，甚至在干扰井 1401 井关井后也在下降。这可能由于实际井底压力向下变化造成的。分析油田开采史时，发现在开始进行干扰试井法试井前，排水井 1107 井、1109 井从 6 月 24 日到 6 月 30 日曾经关井（换而言之，在 1401 井第一次关井前）。

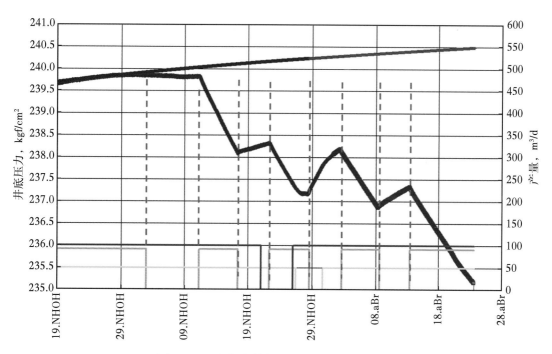

图 31   4 号井中外推井底压力（褐色线）

研究时间 2012 年 6 月 18 日—8 月 23 日

当排水井 1107 井和 1109 井关井时，在 4 号观测井中进行了井底压力模拟（图 32）。模拟时使用了储层渗透特征，该特征在 4 号井中采用压力恢复法进行的试井时取得。

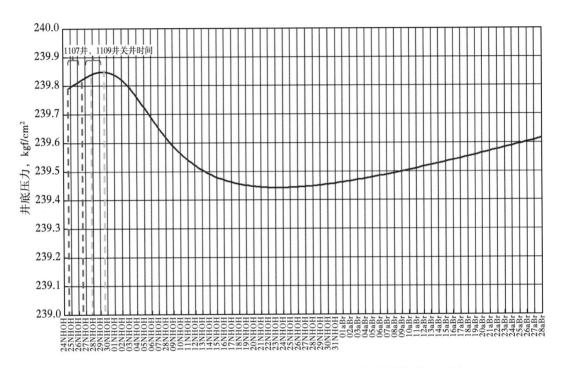

图 32　当 1107 井和 1109 井关井时，在 4 号井的模拟井底压力

研究时间 2012 年 6 月 18 日—8 月 23 日

反应值（干扰 1401 井时，在 4 号井中的井底压力变化）通过从 4 号井实际测量的井底压力中减去外推压力和 4 号井对 1107 井和 1109 井关井时的井底压力反应值获得（图 33）。

从 1401 井关井开始，无法在 4 号井中将数量反应划分为第二、第三和第四脉冲量，这是由于 1404 井和 1406 井同时关井（图 30）。

从 1401 井第一次关井（2012 年 7 月 3 日）开始获得的脉冲量反应，在 Saphir（Kappa）软件程序中进行了解释。采用实际划分反应曲线与计算曲线最佳匹配法进行了分析。匹配结果如图 34 所示。

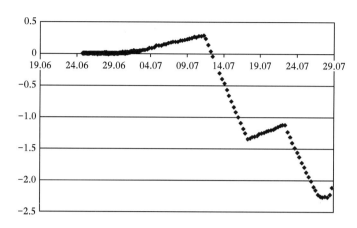

图 33　当油田 1 的 1401 井关井时，4 号井中划分的反应值

研究时间 2012 年 6 月 18 日—8 月 23 日

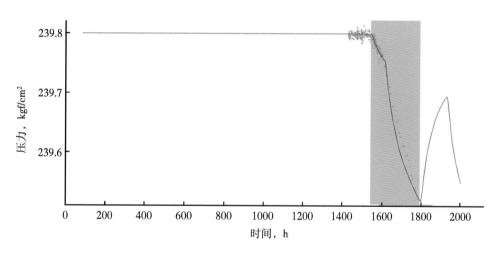

图 34　实际反应曲线（橙色）与计算曲线（红色）的匹配结果

研究时间 2012 年 6 月 18 日—8 月 23 日

如图 35 所示，给出了 4 号井井底压力模拟曲线，并考虑了 4 号丛式井相邻井关井的影响和向 1107 井和 1109 井排水的影响。

本章主要的结论是，确定了油田 4 号丛式井之间的流体动态连通。查明向 1107 井和 1109 井排放的注入水对 D3fm-Ⅲ和 D3fm-Ⅳ生产油层地层压力变化的影响。认为整个油田是一个整体试井对象，证实了之前推出的存在穿过整个生产油层的裂缝系统的判断。

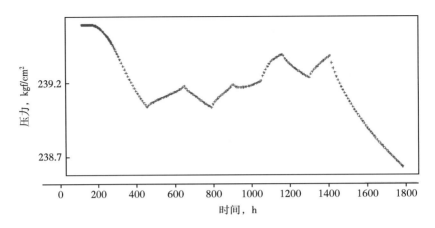

图 35　油田 1 中 4 号井的实际反应曲线（实际井底压力）模拟结果

研究时间 2012 年 6 月 18 日—8 月 23 日

注入试剂（注入示踪剂）研究结果资料成为检验是否存在垂直缝的第二个方法，也是流体渗透双重介质解释模型的使用根据[118]。注入试剂（注入示踪剂）研究在 2013 年第二季度进行。已经在排水井 1107 井、1109 井和最近的采油井丛之间开始了研究。

其中，通过注水井 1109 井向 D3fm-Ⅲ+Ⅳ层注入了硝铵示踪剂溶液。用软件对生产井 2 井、7 井、18 井、19 井、24 井、30 井、1101 井、1102 井、1103 井、1104 井、1105 井、1106 井、1108 井、1201 井、1202 井、1205 井、1301 井、1302 井、1308 井、1309 井、1310 井、1404 井、11102 井进行检验观察。

在 2013 年 2 月 17 日—4 月 29 日期间进行的观察发现，在生产井 2 井、18 井、19 井、24 井、30 井、1101 井、1103 井、1104 井、1105 井、1106 井、1201 井、1202 井、1205 井、1301 井、1302 井、1308 井、1309 井、1404 井产品样品中发现了示踪剂（图 36）。

图 36 中显示的分布说明了检验生产井与注水井 1109 井注水的关系程度。建立上述分布时，使用了每个生产井产量中跟踪的含示踪剂水量（45 天）的资料。

需要指出的是，根据产油剖面研究解释资料和 19 井、1201 井和 1204 井的

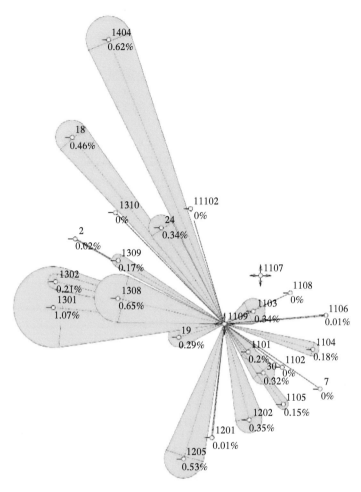

图 36　注入注水井 1109 井注水量渗流分布图（m³/d）

射孔资料，仅认为 D3fm-Ⅲ 为开采层。注入试剂（注入示踪剂）研究试验可以认为 19 井、1201 井和 1204 井是"干净的"。注水井 1109 井具有部分钻开的油层 D3fm-Ⅲ。也就是示踪剂溶液不仅沿 D3fm-Ⅲ，也在 D3fm-Ⅳ 层流动。当没有渗透通道时，这个过程无法进行。所以，注入试剂（注入示踪剂）研究试验结果可以用作确认在油层中存在裂缝的证据，这些裂缝将 D3fm-Ⅲ 和 D3fm-Ⅳ 连接形成整个的流体动态系统。

油田 2 油井 3804 井稳产时井底压力分析结果，成为检验是否存在裂缝系统将 D3fm-Ⅲ 和 D3fm-Ⅳ 连接成整体推论的间接方法。

油田 2[94]根据其构造和储层岩性与油田 1 类似。具有相同的礁体开发层悉（D3fm-Ⅲ 和 D3fm-Ⅳ）。

由于不同原因，不是所有油井都进行了稳定试井和成功记录了压力恢复曲线。常常遇到关于油井工作时井底压力变化的资料，正如与油井 3804 井一样（图 37）。

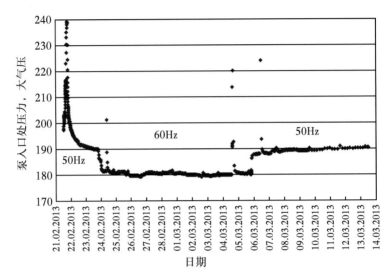

图 37　当电动离心泵在不同频率下工作时，在预先设定的油井 1 中泵入口处压力

此外，在 Saphir 软件中采用的试井解释方法，不是总可以处理油井工作时电动离心泵出口处传感器记录下的井底压力变化资料（图 38）。导数曲线与计

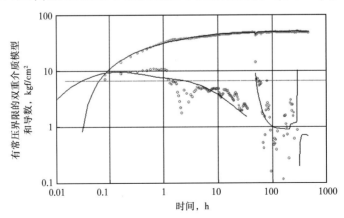

图 38　油井 3804 井有常压界限的双重介质模型

算曲线匹配不好将使储渗能力值失真，储渗能力值可以根据井底压力变化资料确定。描述流体渗透性时应选用适合的解释模型，不然实际井底压力时间上与计算曲线匹配不好（图 40）。还有工程师有时做了不准确的解释，忽略了特殊的前提条件，这些前提条件在固定仪器测量时间刻度下绝大多数情况是无效的。最常见的错误是：采用波伦法评价多相流的流动性时，物质平衡法误差和过分简化是常见的错误。

模型"Topaze NL"（KAPPA Engineering）可以处理从固定深度压力计〔遥测传感器（TMC）〕记录的井底压力资料，压力计的分辨率不低于 0.01atm，以电动离心潜水泵为例。压力计记录时间间隔可以为月和年，包括开采周期和压力恢复曲线。

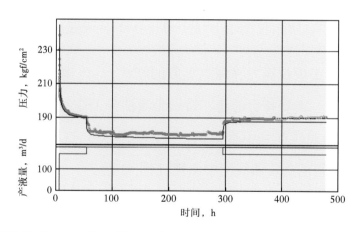

图 39　计算的井底压力和实际井底压力匹配，根据带常压界限的双重介质解释模型

在软件模型"Topaze NL"中处理泵入口压力变化曲线（油田 3804 井在 2013 年 2 月 21 日到 3 月 13 日期间工作时，使用 TMC 传感器记录的曲线）时，成功确定下述参数：

（1）导流性；

（2）描述井含油区中流体渗透的解释模型；

（3）表皮系数；

（4）预测油井时间—产量的变化。

其中包括：为了确定渗流机理和选择解释模型，计算了频率为 50Hz 的电动离心泵起始工作制度时井底压力变化曲线，以及整个曲线（50Hz—60Hz—50Hz），如图 40 所示。

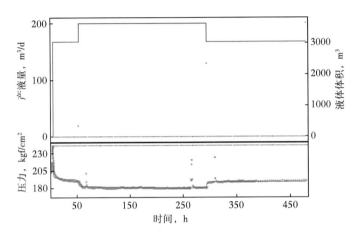

图 40　泵入口所有记录时间内的计算压力和实际测量压力曲线匹配

使用数模计算了模拟压力（绿点上方的红线），该模型描述了液体在均质层中流动时的渗透。需要指出的是，特别是当油井工作制度变化时，实际的和计算的模拟压力曲线匹配是不准确的，会出现误差，这些误差常出现在使用 Blasingame 算法获得的确定曲线图中出现（图 41）。

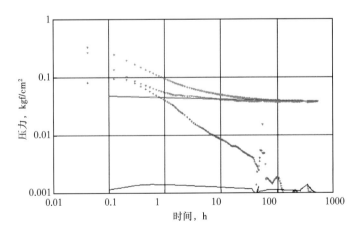

图 41　不同工作制度下油井 3804 井工作 Blasingame 曲线图

使用了均质层渗透模型

压力变化计算曲线（红色和黑色实线）和它的导数在 Blasingame 坐标中随时间变化与实际记录资料（绿色和红色虚线）不匹配。这说明在 3804 井区域选择的、为了描述油井流体流动机理的解释模型均质层是不准确的。因此，为了获得准确的资料匹配，选用了双重介质模型。

双重介质模型说明了两个裂缝系统在油层中共同起作用，或是在开采分层之间的流体交换。

使用该模型时，在处理油田 2 和油田 1 其他油井试井资料时，获得好的匹配。

如图 42 所示，提供了实际井底压力和计算井底压力曲线匹配，井底压力通过使用双重介质模型得到了数模需要的渗透性。

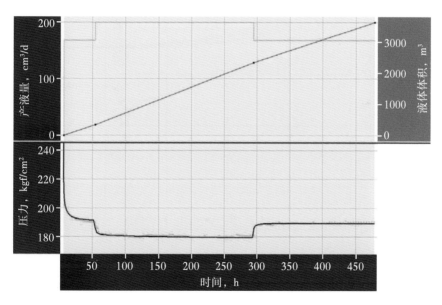

图 42　50Hz 第一工作制度和所有压力记录时间内的时间—井底压力关系图

出现了更精确的实际曲线和计算曲线匹配，特别是井工作制度变化时，以及说明频率为 50Hz 的第一和第三工作制度的井段。

也就是，泵入口处的实际和计算时间—压力曲线误差变小。误差变小还出现在使用 Blasingame 算法获得的判断曲线图中（图 43）。

计算的压力变化曲线（红色和黑色实线）及其导数在 Blasingame 时间坐标中很好地与实际测量资料匹配。

匹配时的计算值 Kh 为 4650mD·m，表皮系数为-4.62。外推地层压力（在传感器悬挂深度）为 251kgf/cm^2。

需要指出：

（1）为了提高预测精度，建议进行最少一次符合要求的观察，并记录实际测量压力恢复曲线。

（2）为确定储渗能力使用"Topaze NL"模型，也必须进行标准和专业的试井，但在油井没有标准试井情况下，在建立油田流体动态模型时允许降低不确定性程度。

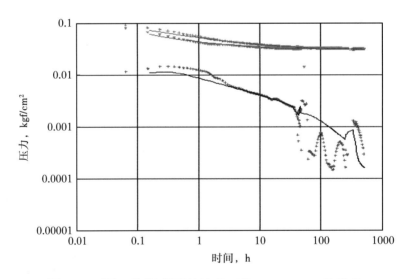

图 43 不同工作制度下的油井工作 Blasingame 曲线表

使用了双重介质模型

4.2 油田 1 油井的测井和试井资料再处理（重新处理）结果

测井和试井资料再处理（重新处理）给出了下述结果：

（1）确认了油田 1 油井含油区内双重介质模型说明的主要流体渗流机理

（改变井产层开发厚度图如图44所示）；

（2）预测了非生产层的渗透率；

（3）证实将油田产层连接成一个整体试井对象的微—中裂缝系统的存在（图28）；

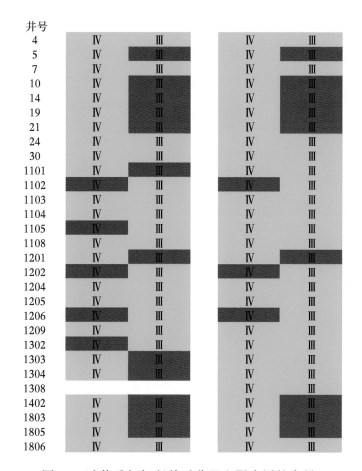

图44　试井重新解释前后分Ⅲ和Ⅳ小层的产量

包括在储层中是否有连接，两个油层的裂缝系统的主要推论和主要双重介质解释模型

（4）证实了油田1储层的岩石中存在4种孔隙空间类型，无论根据储渗能力（试井），还是根据测井（声波测井）（表1和表2，图20），它们具有实质的区别，比如：

①高产，孔洞—孔隙—裂缝型；

②中产，孔隙—裂缝型；

③低产，裂缝—孔隙型；

④潜在，孔隙—孔洞型致密产层。

（5）评价了油田1没有进行试井工艺的油井的地层渗透率（表3）；

（6）建立储层类型分布图，并评价了油田1场地内Ⅲ和Ⅳ分层的裂缝渗透率。

表3　没有试井资料的油田1油井的渗透率预测

油井	分层编号	组编号（根据测井资料）	$\phi_{пор. ср. взв}$	K，mD（预测）
35	Ⅳ	2	0.105	2437
1207	Ⅳ	1	0.125	200~1800
1207	Ⅲ	2	0.085	458
1208	Ⅳ	2	0.085	458
1208	Ⅲ	1	0.116	140~1000
1307	Ⅳ	3	0.065	305
1307	Ⅲ	1	0.096	70~400
1309	Ⅳ	3	0.066	340
1309	Ⅲ	3	0.077	1040
1404	Ⅳ	3	0.081	1550
1604	Ⅳ	3	0.071	560
1802	Ⅳ	1	0.095	70~400
1802	Ⅲ	2	0.099	1480
1804	Ⅳ	3	0.065	305
1804	Ⅲ	2	0.087	541

与乌辛斯克和沃捷伊斯科油田一样，油田区域内的储层类型分布受到构造控制[16]（图45）。划分出的储层类型数量与研究对象的规模有关[16]。因为在本书范围内，研究了宏观水平（一个开采项目的小层），所以，划分出的储层

类型数量为 4。这些储层类型不仅具有不同的地质性质，还有不同的、根据建议试验确定的储渗能力[16]。

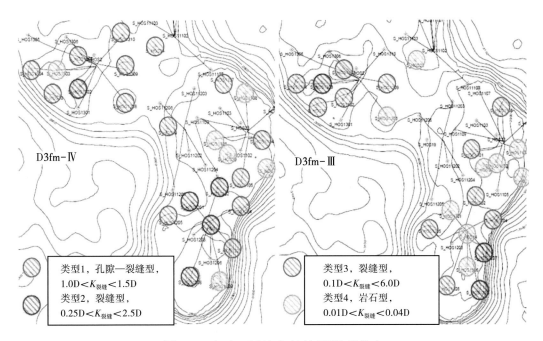

图 45　油田 1 场地上的储层类型分布

5 结　　论

本书的主要成果如下：

（1）以油田 1 油井的测井、生产测井和试井实际资料为例，进行了含油储层分类。

（2）根据油田 1 油井的综合测井资料统计和高质量分析结果，编制了已查明的含油储层孔隙空间结构的确定方法。

油田储层的岩石分为 4 种类型，它们在储渗能力和测井（声波测井、中子伽马测井）方面具有实质的区别：

高产，孔洞—孔隙—裂缝型；

中产，孔隙—裂缝型；

低产，裂缝—孔隙型；

潜在，孔隙—孔洞型致密产层。

（3）根据每种查明的含油层组的综合测井和试井资料统计分析结果，根据没有进行试井的新油井的综合测井资料，在油田 1 的条件下，编制了它们的渗透率预测方法，获得了根据测井确定的不同类型储层的渗透率计算（评价）方程式。

除了上述所说，还确定了：

（1）油田 1 具有双重介质解释模型说明了油井的流体渗透主要机理；裂缝系统穿过生产层，可以将油田 1 视为统一的试井对象。

（2）通过裂缝系统，大部分油井与生产层之间具有很好的连通性，这种连通性可以向生产层深处外推至探明的储层类型研究半径（根据试井）。确定了已查明储层类型的数量和质量特点。

（3）间接预测了油井生产层渗透率；计算（评价）了没有试井的油田 1 油井中的生产层渗透率。

（4）建立了储层类型分布和油田 1 场地内裂缝渗透率分布图（图 45）。

（5）在岩石较晚的成因阶段中，存在不同的相和不同方向的构造应力，有助于查明孔隙结构不同结构型式。建立了有不同孔隙空间结构类型的储集岩储渗能力预测工艺，利用该工艺为在季曼—伯朝拉油气省油田中进行的测井和试井资料做了汇总。

（6）碳酸盐岩储层渗透率预测和根据测井资料划分储层类型的方法，有助于确定生物成因岩石的非均质性，确定法门阶沉积层横向变化特点，定出岩相区边界，建立 D3fm-Ⅲ+Ⅳ储层类型图和圈定高裂缝区。

裂缝—孔洞—孔隙型储层提供由孔洞—孔隙基质组成的环境，被裂缝划分为岩块。当地层压力变化时，孔洞—孔隙基质（孔隙岩块）几乎没有弹性变形，相反裂缝渗透率可能会变化。处理试井资料时采用的解释模型，间接考虑了孔隙空间结构。所以，裂缝—孔洞—孔隙型储层与孔隙型、孔洞—孔隙型储层原则上的区别是，孔隙型和孔洞—孔隙型储层几乎对地层压力变化没有反应，而裂缝—孔洞—孔隙型储层通过说明地层层间渗透率的变化产生反应。

（7）油田 1 裂缝研究经验证明，最成功的碳酸盐岩储层裂缝具有下述资料类型特点：

①产层裂缝填充图；

②油田储层类型分布图。

（8）第一次进行了油田 1 条件下含油层岩相渗透率分析。

（9）编制了独有的碳酸盐岩储层渗透率预测工艺，不仅仅用于季曼—伯朝拉油气省油田，实际上还用于俄罗斯所有地质构造地区、周边和其他的国家。在这些国家的油气田中，石油和天然气储量相对集中，都在开发裂缝—孔洞—孔隙型储层。

参 考 文 献

［1］Андреев В.Е. Повышение эффективности выработки трудноизвлекаемых запасов нефти карбонатных коллекторов/Андреев В.Е., Котенев Ю.А., Нугайбеков А.Г., Нафиков Л.З., Блинов С.Л. // уч.пособис. Уфа: Изд-во УГНТУ, 1997.– 137 с.

［2］Андреев В.Е. Повышение эффективности разработки трудноизвлекаемых запасов нефти карбонатных коллекторов/В.Е. Андреев, Ю.А. Котенев, А.Г. Нугайбеков, К.М. Федоров, А.З. Нафиков, С.А. Блинов // : Учебное пособие.–Уфа: Изд–во УГНТУ, 1997.

［3］Антипин Ю.В. Интенсификация добычи нефти из карбонатных пластов // Ю.В. Антипин, А.В. Лысенков, А.А. Карпов, Р.М. Тухтеев, Р.А. Ибраев, Ю.Н. Стенечкин // Нефтяное хозяйство. 2007. –№5.– С. 96–98.

［4］Ахметов Н.Г. Условия залегания нефти в карбонатных коллекторах в связи с подсчетом запасов / Н.Г. Ахметов, Н.Г. Ахметзянов, В.А. Чишковский // Тр.ТатНИПИнефти. Вып.24. –Казань, – 1973.–С.13–16.

［5］Ахметов Р.Т. Типы пористости сложных карбонатных коллекторов по результатам петрофизических исследований / Ахметов Р.Т., Малинин В.Ф. // Геология нефти и газа. —1987. №7. – С.47–50.

［6］Аширов К.Б. О критериях, определяющих работу матриц при разработке плотных трещиноватых нефтяных пластов/К.Б. Аширов // Тр. Гипровостокнефти. —М.: Недра, 1967.— Вып.11.–37 с.

［7］Аширов К.Б. Рациональные методы заводнения нефтяных залежей, приуроченных к карбонатным коллекторам порового типа / К.Б. Аширов, В.С. Ковалев, А.И. Губанов и др. // Тр. Гипровостокнефть. 1974. – Вып.21,–

С.112-124.

[8] Аширов К. Б. Методика изучения свойств остаточной нефти в карбонатных коллекторах К.Б. Аширов, А.В. Альтов, Б.Ф. Борисов, В .И. Данилов // Нефтяное хозяйство. -1976. - №6. - С.53-56

[9] Багринцева К. И. Карбонатные породы коллекторы нефти и газа. / Багринцева К.И. // - М.: Недра, 1976.

[10] Багринцева К.И. Трещиноватость низкопористых карбонатных пород и методы её получения./К.И. Багринцева, Г.Е. Белозёрова, С.В. Суханова и др. // Обзор ВИЭМС. М., 1986. -60 с.

[11] Баишев Б.Т. и др. Регулирование процесса разработки нефтяных месторождений. —М.: Недра, 1978.

[12] Басин Я.Н. Оценка подсчетных параметров газовых и нефтяных залежей в карбонатном разрезе по геофизическим данным. / Я.Н. Басин, В.А. Новгородов, В.И. Петерсилье // М.: Недра, 1987. -160 с.

[13] Баренблатт Г.К. Об определении параметров нефтеносного пласта по данным восстановления давления в остановленных скважинах. / Г. К. Баренблатт, Ю.П. Борисов, С.Г. Каменещий, А.П. Крылов // Изв. АН СССР, ОТН, № 11,1957.

[14] Баренблатт Г. К. О влиянии неоднородностей на определение параметров нефтеносного пласта по данным нестационарного притока жидкости к скважинам. / Г.К. Баренблатт, В.А. Максимов // Изв. АН СССР, ОТН, № 7,1958.

[15] Баренблатт Г.И. Об основных представлениях теории фильтрации однородных жидкостей в трещиноватых породах. / Г.И. Баренблатт, Ю.П. Желтов, И.Н. Кочина // «Прикладная математика и механика», 1960. —

Т. 24. Вып.5.

[16] Берман Л.Б. Промысловая геофизика при ускоренной разведке газовых месторождений. / Л.Б. Берман, В.С. Нейман, М.Д. Каргер и др. // М.: Недра, 1987.

[17] Боксерман А.А. О движении несмсшивающихся жидкостей в трещин - овато-пористой среде. / А.А. Боксерман, Ю.П. Желтов, А.А. Кочешков // Докл. АН СССР, 1964. Т. 155 - № 6.

[18] Богачев Б.А. К анализу гидродинамических методов исследований скв - ажин по эталонным кривым. Известия ВУЗ, Нефть и газ, №1, 1963.

[19] Борисов Ю.П. Интерпретация кривых гидродинамического исслед - ования продуктивных пластов в случае их неоднородности по площади. Труды ВНИИ, вып. 19, 1959.

[20] Борисов Ю.П. Определение параметров пласта при исследовании скважин на неустановившихся режимах с учетом продолжающегося притока жидкости. Труды ВНИИ, вып. 19, 1959.

[21] Борисов Ю.П. Определение параметров продуктивных пластов по данн - ым гидроразведки. / Ю.П. Борисов, Б.П. Яковлев // 《Нефтепром - ысловое дело》, 1957, №2.

[22] Борисов Ю.П. Влияние неоднородности пластов на разработку нефтяных месторождений. / Ю.П. Борисов, В.В. Воинов, З.К. Рябинина // М.: Недра, 1970.

[23] Борисов Ю.П. Особенности проектирования разработки нефтяных мес - торождений с учетом их неоднородности. / Ю.П. Борисов, В.В. Воинов, З.К. Рябинина // М.: Недра, 1976. - 285 с.

[24] Боярчук А.Ф. Современное состояние и перспективы развития пром -

ыслово-геофизических методов изучения трещинных коллекторов. М.,
ВНИИОЭНГ, 1983.

[25] Бузинов С. Н. Гидродинамические методы исследования скважин и
пластов. / С.Н. Бузинов, И.Д. Умрихин // М.: Недра, 1973. -248 с.

[26] Бузинов С. Н. Исследование пластов и скважин при упругом режиме
фильтрации. / С.Н. Бузинов, И.Д. Умрихин // М.: Недра, 1964. - 272.

[27] Бузинов С. Н. К определению параметров пласта по кривой изменения
давления в реагирующей скважине. / С.Н. Бузинов, И.Д. Умрихин //
НТС по добыче нефти, №14. - М., Гостоптехиздат, 1961.

[28] Буторин О.И. Совершенствование методик построения карт трещино-
ватости коллекторов / О.И. Буторин, И.В. Владимиров, Р.С. Нурму-
хаметов и др. / Нефтяное хозяйство.- 2001. № 8-С.54-58.

[29] Буторин О.И. Совершенствование технологий разработки карбонатных
коллекторов с учетом преимущественного направления трещиноватости/
О.И. Буторин, И.В. Владимиров, Р.С. Нурмухаметов и др // Нефтяное
хозяйство.— 2002. — № 2.-С. 53-56.

[30] Буторин О.И. Развитие методик построения карт трещиноватости колл-
екторов / О.И. Буторин, И.В. Владимиров, Р.С. Нурмухаметов и др. //
Нефтепромысловое дело. М.: ВНИИОЭНГ. -2002. -№ 8.

[31] Буторин Г.Д. Типы трещин в меловых карбонатных породах Дагестана в
связи с их нефтегазоносностью / Г. Д. Буторин, В.Д. Скарятин // —
Новости нефт. и газ. техники. Сер. геология, 1962, № 4, С. 44-50.

[31] Бурде Д. Анализ гидродинамических методов исследования скважин,
законченных на трещиноватых пластах, с помощью новых эталонных
кривых: пер с англ. / Д. Бурде, А. Алагоа, Ж.А. Зуб, И.М. Пирар //

Нефть, газ и нефтехимия за рубежом.- 1985.- №6.- С. 105-116.

［33］Бурдэ Д. Новый метод эталонных кривых при исследований скважин. / Д. Бурдэ, Т. М. Втгл, А. А. Дуглас, И. М. Пирар // Нефть, газ и нефтехимия за рубежом. 1983г. -№5. с.32-37.

［34］Бурдэ Д. Интерпретация результатов гидродинамических исследований трещиноватых пластов. /Д. Бурдэ, Т. М. Витгл, А. А. Дуглас, И. М. Пирар // Нефть, газ и нефтехимия за рубежом. 1983г. -№10. с. 16-22.

［35］Бурдэ Д. Анализ гидродинамических исследований скважин, законч-енных на трещиноватые пласты, с помощью новых эталонных кривых. / Д. Бурдэ, Т. М. Витгл, А. А. Дуглас, И. М. Пирар // Нефть, газ и нефтехимия за рубежом. 1984г. - №4. с.20-26.

［36］Бурдэ Д. Усовершенствованный метод интерпретаций гидродинами-ческих исследований скважин / Д. Бурде, А. Алагоа // Нефть, газ и нефтехимия за рубежом. 1984г. - №9. с.5-10.

［37］Васильевский В. Н. Исследование нефтяных пластов и скважин / В.Н. Васильевский, А.И. Петров // М.: Недра, 1973, -342с.

［38］Вафин Р. В. Заводнение нефтяных пластов с высокопроницаемыми включениями / Р. В. Вафин, М. С. Зарипов, И. В. Владимиров, Т. Г. Казакова // НТЖ «Нефтепромысловое дело». М.: ВНИИОЭНГ.-2004. - №4. - С.34-37.

［39］Вафин Р. В. Исследование процессов заводнения неоднородных колле-кторов / Р. В. Вафин, М. С. Зарипов // НТЖ «Нефтепромысловое дело». М.: ВНИИОЭНГ. - 2004. - №4. - С.28-33.

［40］Вафин Р.В. Разработка нефтенасыщенных трещиновато-поровых колл-екторов водогазовым воздействием на пласт. М.: Недра, 2007.-217 с.

［41］Викторин, В.Д. Влияние особенностей карбонатных коллекторов на эффективность разработки нефтяных залежей, Недра, 1988.

［42］Викторов В.Д. Разработка нефтяных месторождений, приуроченных к карбонатным коллекторам / В.Д. Викторов, Н.А. Лыков // М.: Недра, 1980. - 202 с.

［43］Выжигин Г.Б. Трещиноватые зоны и их влияние на условия разработки нефтяных залежей / Г.Б. Выжигин, И.И. Ханин // Нефтяное хозяйсгво. - 1973.- №2.- С. 33-36.

［44］Гаврина Т.Е. Достоверность оценки продуктивности скважин на основе аддитивной модели слоистого пласта / Т.Е. Гаврина, В.А. Юдин, В.С. Нейман // Нефтяное хозяйсгво, 1989. Ноябрь, С.45-47.

［45］Гавура В.Е. Состояние и перспективы разработки нефтяных залежей, приуроченных к карбонатным коллекторам. Геология и разработка нефтяных, газо - нефтяных месторождений. М.: ВНИИОЭНГ, 1995. - 496 с.

［46］Гарипов О.М., Лукин А.Е. Дилатантная трещиноватость: Сборник трудов/ СибНИИНП. Тюмень, 1992. - С. 74 - 81.

［47］Гарифуллин Р.Н. Новый подход к интерпретации кривых восстановления давления / Р.Н. Гарифуллин, Р.Р. Еникеев, М.М. Хасанов // Вестник инжинирингового центра Юкос, 2001, № 2.

［48］Гафаров Ш.А. Повышение эффективности разработки месторождений с аномально-вязкими нефтями в карбонатных отложениях: автореф. дис. . д-ра техн.наук. Уфа, 2006. - 48 с.

［49］Голф - Рахт Т.Д. Основы нефтепромысловой геологии и разработки трещиноватых коллекторов. М.: Недра, 1986.

［50］Горбатова А.Н., Исаичев В.В. Гидропрослушивание скважин и определ-

ение параметров пласта. НТС по добыче нефти №19. М., Гостоп -

техиздат, 1963.

［51］Горбунов А.Т. Вопросы разработки нефтяных месторождений, предста-

вленных трещиноватыми коллекторами. Дисс. на соиск. уч. степ. канд.

техн.наук. — М.: ВНИИ, 1963.

［52］Громович В.А. Промысловые данные по влиянию неоднородности карб-

онатных коллекторов на характер разработки нефтяных залежей/В. А.

Громович, Б.Ф. Сазонов // Тр. Гипровостокнефть. 1965. - № 9. -С. 305-

310.

［53］Денк С.О. Строение и продуктивность карбонатных трещинных колле-

кторов Пермской области // НТИС Геология, геофизика и разработка

нефтяных месторождений.-1992. Вып.7.-С.3-7.

［54］Денк С.О. Проблемы трещиноватых продуктивных объектов.—Пермь:

Электронные издательские системы, 2004.—334 с.

［55］Денк С.О. Межблоковые пустоты —резервуар и проводник пластовых

флюидов в карбонатных коллекторах/ С.О. Денк // Нефтяное хозяй-

ство. 1997. -№2. - С. 22-24.

［56］Денк С.О. Глубокое расклинивание микротрещин в карбонатном коллек-

торе смешанного типа / С.О. Денк // Нефтяное хозяйство.—1994. -№5.

-С. 32-34.

［57］Дияшев Р. Н. Исследование режимов фильтрации в деформируемых

карбонатных коллекторах / Р.Н. Дияшев, А.В. Костерин, Э.В. Скв-

орцов, И.Р. Дияшев // Нефтяное хозяйство. -1993 №11.- С.23-26.

［58］Дияшев Р.Н. Фильтрация жидкости в деформируемых нефтяных пластах /

Р.Н. Дияшев, А.В. Костерин, Э.В. Скворцов // Казань.- 1999.-238 с.

[59] Дияшев Р.Н. Новые системы разработки карбонатных коллекторов/ Р.Н. Дияшев, И.М. Бакиров, А.Н. Чекалин // Нефтяное хозяйство. 1994. -№1. -С. 37-40.

[60] Добрынин В.М., Вендельштейн Б.Ю., Кожевников Д.А., Петрофизика: Учебн. для вузов. М.: Недра. 1991. 368 с.

[61] Добрынин В.М. Интерпретация результатов геофизических исследований нефтяных и газовых скважин: Справочник / М.: Недра, 1988. 476 с.

[62] Еникеев Р.М. Обработка осложненных кривых реагирования при гидро-прослушивании / Еникеев Р. М., Еникеев Р. Р., Калиновский Ю. В., Каримов М. У-Г. // Межвузовский сборник научных статей, выпуск № 1 《Нефть и газ》, Уфа, 1997.

[63] Еникеев Р. Р. Об одном способе обработки результатов гидропросл-ушивания // Научно технический вестник ЮКОС, 2003, №7.

[64] Еникеев Р. Р. Опыт применения гидродинамических исследований скважин для оценки границ распространения коллектора / Р.Р. Еникеев // Нефтепромысловое дело, 2001 г, № 5.

[65] Желтов Ю.П. О восстановлении давления при различной проницаемости пласта в призабойной зоне и вдали от скважины. Труды института нефти АН СССР, № 11, 1958.

[66] Зайнуллин Н.Г. Интенсификация разработки залежей нефти с карбона-тными коллекторами путем оптимизации забойных давлений / Н. Г. Зайнуллин, И. Х. Зиннатов, Р. Г. Фархуллин, Е. Ю. Мочалов, О. П. Мигович, Л.И. Зайцева // Нефтяное хозяйство. 1992. -№1. - С. 29-33.

[67] Каменецкий С.Г., Кузьмин В.М., Куренков О.В. О некоторых методах

определения параметров пласта по данным о восстановлении давления после остановки эксплуатационной скважины. Труды ВНИИ, вып. 21, 1959.

[68] Каменецкий С.Г. Оценка неоднородностей пласта по кривым восстановления давления. Научно — технический сборник по добыче нефти, № 15, 1961.

[69] Киркинская В. Н. Карбонатные породы —коллекторы нефти и газа / Киркинская В.Н., Смехов Е. М. // Л.: Недра, 1981.-255 с.

[70] Ковалев В.С. Сопоставление физических и расчетных показателей заводнения терригенных и карбонатных пластов. Тр. Гипровостокнефть. - 1973. Вып. 18. -С.65-84.

[71] Козина Е. А. Влияние вещественного состава и структуры карбонатных пород на их коллекторскую характеристику / Козина Е.А., Хайрединов Н.Ш. // Тр. ТатНИПИнефть. Казань: Таткнигоиздат, 1973. -Вып.22.

[72] Колеватов А. А. Прогнозирование проницаемости отложений девона в новых скважинах на основе корреляции данных ПГИ и ГИС месторождений Тимано-Печорской провинции / А.А. Колеватов, А.В. Свалов, С. Г. Вольпин, Ю. М. Штейнберг, Ю. Б. Чен-лен-сон, Д. А. Корнаева // Материалы 11 - й научно - технической конференции 《Мониторинг разработки нефтяных и газовых месторождений: разведка и добычам》 (17-19 мая 2012, Томск): труды конф. - Томск: Изд. Томского политехнического университета.2012. -С. 45-47.

[73] Колеватов А. А. Прогнозирование проницаемости карбонатных коллекторов верхнего девона в новых скважинах на основе корреляции данных ГДИ, ПГИ и ГИС месторождений Тимано- Печорской провинции / А.

А. Колеватов, С.Г. Вольпин, Ю.Б. Чен- лен-сон, Ю.М. Штейнберг // Материалы 12 - й научно - технической конференции 《 Мониторинг разработки нефтяных и газовых месторождений: разведка и добычам 》 (15 - 17мая 2013, Томск): труды конф. - Томск: Изд. Томского политехнического университета.2013. -С. 28-29.

[74] Колеватов А.А. Прогнозирование типов коллектора в новых скважинах нефтяных месторождений в карбонатных отложениях на основе корреляции данных ГИС и ГДИ/ А.А. Колеватов, А.В. Свалов, С.Г. Вольпин, Ю.М. Штейнберг, И.В. Афанаскин, // Всероссийская молодежная научная конференция с участием иностранных ученых, 《Трофимуковские чтения-2013》 (08-14 сентября 2013, Новосибирск): труды конф. - Новосибирск: РИЦ НГУ, - 2013. - С. 87-92.

[75] Колеватов А.А. Прогнозирование проницаемости продуктивных пластов в новых скважинах на основе корреляции данных ГИС и ГДИ на примере Северо - Хоседаюского месторождения/ А. А. Колеватов // Материалы IV - го Международного научного симпозиума 《 Теория и практика применения методов увеличения нефтеотдачи пластов》 (18-19 сентября 2013, Москва): Доклады, Т. 1. - Москва: ООО "Андерсен дизайн". - 2013. - С.108-112.

[76] Колганов В.И. Влияние трещиноватости карбонатных коллекторов на показатели их разработки при заводнении/ В.Н. Колганов // Нефтяное хозяйсгво. -2003. -№11.-С.51-54.

[77] Колганов В.И. Проявление относительных фазовых проницаемостей при заводнении трещиновато - поровых карбонатных коллекторов/ В. И. Колганов // Нефтяное хозяйство. 2003. - №1. - С. 41-43.

［78］ Копилевич Е. А. Новые возможности геологической интерпретации данных сейсморазведки / Е.А. Копилевич, М.Л. Афанасьев // Геология нефти и газа, 5-2007.

［79］ Коротенко В. А. Определение гидродинамических параметров пласта в сложнопостроенных коллекторах. / В. А. Коротенко, М. Е. Стасюк // Физико-химическая гидродинамика: Сборник научных трудов УргУ. - Свердловск: издательство УрГУ.- 1986.- С.66-71.

［80］ Крыганов П.В. Оценка проницаемости и степени участия продуктивного пласта в процессе фильтрации / П.В. Крыганов, А.А. Колеватов, С.Г. Вольпин // Бурение и нефть. - 2012. - №2. - С. 26-28.

［81］ Крыганов П. В. Информативность гидропрослушивания в рифейских отложениях Юрубчено-Тохомского месторождения / П.В. Крыганов, И. В. Афанаскин, С.Г. Вольпин, А.В. Свалов, А.А. Колеватов // Труды всероссийской молодежной научной конференции с участием иностранных ученых, посвященной 100- летию академика А. А. Трофимука 《Трофи-муковские чтения молодых ученых - 2011》(16 - 23 октября 2011, Новосибирск)): труды конф. - Новосибирск: РИЦ НГУ. - 2011. - С. 394-397.

［82］ Крыганов П.В. Диссертация по теме: 《Методы повышения достовер-ности результатов гидродинамических исследований нефтяных пластов и скважин》, ОАО 《ВНИИнефтъ》 Москва, 2012.

［83］ Кудинов В. И. Интенсификация добычи вязкой нефти из карбонатных коллекторов/ В .И. Кудинов, Б.М. Сучков. // Самара: Кн. изд-во Книга, 1996. -440 с.

［84］ Кудинов В. И. Разработка сложнопостроенных месторождений вязкой нефти в карбонатных коллекторах – 2 изд. / В .И. Кудинов, Г.Е. Малофеев, Ю.В. Желтов // Удмуртский Университет: 2011.– 328 с.

[85] Кузнецов О.Л. Сейсмоакустика пористых и трещиноватых геологических сред. Том 2. Экспериментальные исследования / под редакцией профессора Кузнецова О.Л. М.: ВНИИГеоСистем, 2004.– 362 с.

[86] Кулъпин Л.Г. Гидродинамические методы исследования нефтегазоводо-носных пластов / Кулъпин Л.Г., Мясников Ю.А. // М.: Недра, 1974, 200с.

[87] Лебединец Н.П. Изучение и разработка нефтяных месторождений с трещиноватыми коллекторами. М., Наука, 1997, 396 с.

[88] Ли Юн Шан Сравнение некоторых формул исследования скважин с учетом притока жидкости после ее остановки. Изв. ВУЗ, Нефть и газ, №7,1960.

[89] Лусиа Ф.Дж. Построение геолого-гидродинамической модели карбонатного коллектора: интегрированный подход.—М.-Ижевск: НИЦ 《Регулярная и хаотическая динамика》, Ижевский институт компьютерных исследований, 2010.—384 с.

[90] Лысенков А.В. Интенсификация притока нефти из гидрофобизир-ованных карбонатных коллекторов с высокой обводненностью / А.В. Лысенков, Ю.В. Антипин, Ю.Н. Стеничкин // Нефтяное хозяйсгво. — 2009. –№6.–С. 36–39.

[91] Максимов В.А. О неустановившемся притоке упругой жидкости к скважинам в неоднородном пласте. ПМТФ, № 3,1962.

[92] Майдебор В.Н., Оноприенко В.П. Рациональные методы заводнения залежей нефти с трещиноватыми коллекторами. Тр. совещания 《Пути

дальнейшего совершенствования систем разработки нефтяных местор-ождений с заводнением》.—Альметьевск, МНП, 1976. —С. 160-169.

[93] Майдебор В. Н. Особенности разработки нефтяных месторождений с трещиноватыми коллекторами / В.Н. Майдебор // М.: Недра, 1980.-288 с.

[94] Материалы по обоснованию оперативных изменений запасов нефти и растворенного газа фаменских отложений Западно-Хоседаюского месторождения《ЦХП БЛОК №3》; Москва, 2012.

[95] Мачулина С.А. Закономерности распределения коллекторов в карбонатных отложениях / С. А. Мачулина, Г. Л. Трофименко, Н. М. Комский // Нефт.и газ.пром-сть (Киев).-1989.-№2.-с.11-14.

[96] Медведский Р.И., Абдуллин Р. А. Роль трещиноватости в поглощении закачиваемой воды. Тр. Гипрогюменнефтегаза, Вып 29, 1971.

[97] Медведский Р. И. Прогнозирование выработки запасов из пластов с двойной средой / Р.И. Медведский, А.А. Севастьянов, К.В. Коровин // Вестник недропользователя Ханты-Мансийского автономного округа. Тюмень. - 2005. -№15.-С.49-53.

[98] Методика изучения трещиноватых горных пород и трещинных коллекторов нефти и газа. Л, Недра, 1969. 129 с. (Тр. ВНИГРИ, новая сер.. вып 276).

[99] Методика прогнозирования трещиноватости коллекторов при выборе зон эксплуатационного бурения с учетом фактора неотектонических движений / Под ред. Хайрутдиновой В.Р. ОАО《Удмуртнефть》.

[100] Методика исследований трещиноватых горных пород и их коллекторских свойств / Е. М. Смехов, Л. П. Гмид, М. Г. Ромашова и др.— Геология

нефти, 1958, № 3, с. 37-45.

[101] Молкович Ю.М. и др. Выработка трещиновато-пористого коллектора нестационарным дренированием. -Казань: Регенть, 2000, -156с.

[102] Муравьев И.М. К анализу методов обработки кривых изменения давления в нефтяных скважинах. / И.М. Муравьев, С.Е. Евдакимов, Г. П. Цибульский, Б.С. Чернов // Нефтяное хозяйство, №3,1961.

[103] 《Мониторинг энергетического состояния залежей, продуктивности скважин и фильтрационных параметров пластов по данным гидродин- амических исследований и гидродинамического моделированиям》 на месторождениях ООО СК 《РУСВЬЕТПЕТРО》, отчет, ОАО ВНИИнефть, 2012, с.43-44.

[104] Муравьев И.М. Определение литологической ограниченности пласта по кривым восстановления забойного давления и ее влияние на прием- истость нагнетательных скважин. / И.М. Муравьев, Ф.С. Абдуллин, Н. Л. Романова // Нефтяное хозяйство, № 7, 1962.

[105] Мустафаев С. Д. Исследование процесса восстановления давления в однородной круговой залежи при фильтрации вязкопластичной нефти к скважине. / С.Д. Мустафаев, Р.Г. Мамедханов // Изв. ВУЗ-ов. Нефть и газ. 1988г. - № 2. С. 41-45.

[106] Муслимов Р.Х. Современные методы управления разработкой нефтяных месторождений с применением заводнения: учебное пособие / Р. Х. Муслимов // Казань: Изд-во Казанск.ун-та, 2002.-596 с.

[107] Мухаметшин Р.З. Создание эффективных систем разработки залежей нефти в карбонатных коллекторах / Р.З. Мухаметшин, Г.Ф. Кандау- рова, О.П. Мигович // Нефтяное хозяйство. 1987. - №2. - С. 37-42.

[108] Муслимов Р.Х. Повышение продуктивности карбонатных коллекторов / Р.Х. Муслимов. Р. Г. Ралшзанов, Р. Г. Абдулмазитов, Р. Т. Фазлыев // Нефтяное хоз-во.- 1987. - №10. - С.27-32.

[109] Муслимов Р.Х. Совершенствование систем разработки залежей нефти в трещиповатых карбопатпых коллекторах / Р. Х. Муслимов, Э. И. Сулейманов, Р.Г. Абдулимазитов // Нефтяное хоз-во.-1996.- №10.-с. 25-28.

[110] Наборщикова И.И., Дементьев Л.Ф. Статистический метод разделения карбонатных пород на трещинные и каверно-поровые // Тр. Гипро-востокнефть. Пермь, 1969. -Вып.4. - С.274-278.

[111] Наказная Л.Г. Фильтрация жидкости и газа в трещиноватых коллек-торах. М.: Недра, 1972.- 184 с.

[112] Некрасов А.С. Геолого-геофизические исследования карбонатных кол-лекторов нефтяных месторождений / А. С. Некрасов // Перм. ун- т.— Пермь, 2006.—422 с.

[113] Нефтегазовое обозрение: классические задачи интерпретации: оценка карбонатов. Изд. Весна, 1997. С. 18-37.

[114] Нуга йбековР. А. Повышение эффективности разработки трудноиз-влекаемых запасов низкопроницаемых карбонатных коллекторов / Р.А. Нугайбеков, Ю. А. Котенев, О. В. Каптелинин // Тр. Гос. ком. по геологии РТ, АНРТ. Казань, 1999. - С. 25.

[115] Нугайбеков А.Г. Геологические особенности нефтеизвлечения в карбон-атных коллекторах. М.: Издательство академии горных наук, 1999.

[116] Нурмухаметов Р.С. Исследование и разработка технологий повышения эффективности нефтеизвлечения из трещиновато-поровых коллект-

оров. Дисс.на соиск.учн.степ.канд.техн.наук. Бугульма, 2001.

[117] Осипов П.П. Определение параметров релаксационно-сжимаемого пласта по кривой восстановления давления. / П.П. Осипов, А. С. Шкуро // Изв. ВУЗ-ов. Нефть и газ. 1989г. — № 5. с. 64-67.

[118] Отчет о результатах трассерных исследований на участке нагнетательных скважин № 1107 и 1109 Северо-Хоседаюского месторождения. ООО «Эксперт Технолоджи», Самара, 2013.

[119] Пат. 1471635 РФ, Е 21 В 43/22. Способ разработки рифовых залежей нефти с трещинно-порово-кавернозными коллекторами / С. В. Сафронов, МЛ. Сургучев, Б. Т. Баишев и др.; Заявлено 19.05.1986; Опубл. 09.08.1995, Бюл. 22.

[120] Пересчет запасов нефти, растворенного газа и сопутствующих комп-онентов, ТЭО КИН Северо-Хоседаюского месторождения, ОАО «ВНИИнефтв», 2012. Т.1. 270 с.

[121] Пикуза В. И. О влиянии неоднородностей продуктивных пластов на кривые восстановления и гидропрослушивания. Изв. АН СССР, ОТН, Механика и машиностроение, № 1,1963.

[122] Попов И.П. Исследование эффективности испытаний объектов в кол-лекторах порово-трещинного типа / И.П. Попов // Нефтяное хозя-йсгво. -1993.-№11.-С. 39-42.

[123] Редькин И.И. Исследование трещиноватости призабойных зон скважин по кривым восстановления забойного давления // Тр. Гипров-остокнефть. М.: Недра, 1971. -Вып.13. - С.113-118.

[124] Родионов В.П., Блинова, О.Н. Особенности разработки карбонатных коллекторов верхнефаменского подъяруса. // Башнипинефть. - Уфа. -

1984.-8c：ил.-библиогр.1назв.Рус.-Деп.во ВНИИОЭНГ 23 окт. 1984 г.，№1117нг-84.

[125] Сазонов Б.Ф. Разработка карбонатных коллекторов порового типа / Б. Ф. Сазонов, В. С. Ковалев, В. А. Шабанов // Нефтяное хозяйство. - 1987.-№9.-С. 25-30.

[126] Саттаров М.М. Проектирование и разработка слабопроницаемых карбонатных коллекторов. Сер. Добыча / М.М. Саттаров, М.З. Валитов, Э. Т. Юлгушев // М.：ТНТО ВНИИОЭНГ, 1974. -53 с.

[127] Свищев М.Ф. Опыт разработки нефтяных залежей в карбонатных коллекторах нижнего карбона месторождений Оренбургской области // Нефтепромысловое дело — 1964.-№3.

[128] Севастьянова К.К. Применение метода материального баланса для прогнозирования темпов добычи пластовых флюидов и падения пластового давления для карбонатных трещиноватых коллекторов/К. К. Севаст-ьянова, В.А. Павлов // Нефтяное хозяйство, 2007 №11. -С. 49-51.

[129] Селимов В.Г., Хайрединов Н.Ш. Исследование коллекторских свойств карбонатных пород методами факторного анализа // Тр. ТатНИПИ нефть Казань, 1974. -Вып.26. — С.104-109.

[130] Смехов Е.М. Теоретические и методические основы поисков трещинных коллекторов нефти и газа. М.：Недра, 1974. - 200 с.

[131] Смехов Е.М., Дорофеева Т.В. Вторичная пористость горных пород коллекторов нефти и газа Л. Недра 1987. 96 с.

[132] Смирнов В. Б. Петрографическое исследование карбонатных пород в связи с их продуктивностью/ В. Б. Смирнов, М. А. Токарев, А. М. Вагизов, А.С. Чинаров. // Интервал. 2003. - №8. - С. 82-85.

［133］Сургучев М.Л. Особенности разработки месторождений с карбонатными коллекторами / М.Л. Сургучев // Тр. совещания 《Проблемы нефтеносности карбонатных коллекторов Урало - Поволжья》. - Бугульма, 1963.-С.224-233.

［134］Суслов В.А. Влияние трещиноватости на эффективность заводнения / Суслов В.А., Маслянцев Ю.В. // Тр. Гипровостокнефчь. 1977. -Вып. 29.-С. 7-10.

［135］Сучков Б.М. Добыча нефти из карбонатных коллекторов.-М.- Ижевск: НИЦ РХД. -2005. -688 с.

［136］Телков А.И. О влияний формы границы пласта на кривую восста новления забойного давления // Известия Высших Учебных заведении. Нефть и газ. — 1960г. -№ 10.

［137］Тосунов Э.М. Новый метод глубокой обработки карбонатных пластов / Э.М. Тосунов, В.М. Стадников, В.Г. Бабуков и др. // Нефтяное хозяйсгво. 1989. - №4. -С. 34-38.

［138］Требин Ф.А. К определению параметров пласта по кривым восст - ановления давления с учетом притока жидкости в скважину после ее закрытия. / Ф.А. Требин, Ю.П. Борисов, Э.Д. Мухарский // Нефтяное хозяйсгво, №№ 8,9,1958.

［139］Тухтеев Р.М. Интенсификация добычи нефти из карбонатных колл - екторов/ Р.М. Тухтеев, Ю.В. Антипин, А.А. Карпов // Нефтяное хозяйсгво. -2002. №4.-С. 68-70.

［140］Уолкотт Д. Разработка и управление месторождениями при заводнении. М.: Юкос, 2000.

［141］Фаниев Р.Д. Заводнение слабопроницаемых коллекторов нефтяных месторождений / Р.Д. Фаниев, Г.В. Кляровский М. : Недра, 1968.-84 с.

[142] Фарманова Н.В. Разделение сложнопостроенных коллекторов мест-орождения Тенгиз по структуре порового пространства / Н.В. Фарманова, В.А. Костерина // Геология нефти и газа. М.. 1991, №5. С. 16–19.

[143] Финкель В.М. Портрет трещины. 2–е изд., перераб. и доп. М.: Металлургия, 1989.– 192с.

[144] Хади Джамаль Мохаммед. Особенности глушения и освоения нефтяных скважин в карбонатных коллекторах: диссертация кандидата техн-ических наук : Уфа, 2001.– 143 с.

[145] Хайрединов Н.Ш. К вопросу о формировании пористости в карб-онатных породах//Тр. ТатНИИ. Л.: Недра, 1967. –Вып. 10.–С.226–235.

[146] Хайрединов Н.Ш. Основные черты формирования карбонатах колл-екторов на примере ТАССР // Тр. ТатНИПИнефть. Казань.– 1974. – Вып.26. – С.109–116.

[147] Хайрединов Н.Ш. Формирование залежей нефти в карбонатных отл-ожениях// Тр. ТатНИПИнефть. Казань, 1973. – Вып.24. – С.84–92.

[148] Хайрединов Н.Ш. Вскрытие и освоение пластов, представленных кар-бонатными коллекторами // Тр. ТатНИИ. 1965. – Вып. 8. – С. 179–188.

[149] Хайрединов Н.Ш. Граничные слои в карбонатных коллекторах/ Н.Ш. Хайретдинов, Е.А. Кукушкина, А.Г. Нугайбеков, А.В. Сиднев, Ю.И. Михайлюк //Нефть и газ. 2001. – №2. –С. 36–38.

[150] Хасанов М.М. Новый подход к интерпретации кривых восстановления давления / М.М. Хасанов, Р.Н. Гарифуллин, Р.Р. Еникеев // Вестник

инжинирингового центра.—М: Юкос. 2001, № 2, стр. 13-16.

[151] Хасанов М. М. Определение проницаемости из данных геофизических исследований скважин как некорректно поставленная задача. / М. М. Хасанов, С.И. Спивак, Д.Р. Юлмухаметов // Ж-л《Нефтегазовое дело》, 2005, т.3. с.155-166.

[152] Хисамов Р. С., Сулейманов Э. И., Фархуллин Р. Г. и др. Гидроди-намические исследования скважин и методы обработки результатов измерений. М.: ВНИИОЭНГ, 1999.-227 с.

[153] Чарный И.А. Подземная гидромеханика. М., Гостоптехиздат, 1948.

[154] Чарный И.А., Умрихин И.Д. Об одном методе определения параметров пластов по наблюдениям неустановившегося режима притока к сква-жинам. Москва, 1957.

[155] Чекалюк Э.Б. Метод определения физических параметров пласта. Неф-тяное хозя йсгво, №11,1958.

[156] Чекалюк Э.Б. Универсальный метод определения физических параме-тров пласта по измерениям забойных давлений и притоков. Нефтяное хозяйсгво, № 2,1964.

[157] Чернов В.С., Базлов М.Н., Жуков А.И. Гидродинамические методы исследования скважин и пластов. Гостоптехиздат, 1960.

[158] Шагиев Р.Г. Анализ различных пьезометрических методов исследования скважин на основании изучения неустановившихся процессов. Авто-реферат диссертации, Баку, 1962.

[159] Шагиев Р. Г. Сопоставление различных гидродинамических методов определения параметров пласта по кривым изменения забойного давления. Известия ВУЗ, Нефть и газ, №4, 1962.

［160］Шагиев Р.Г. Исследование скважин по КВД： М.： Наука, 1998, — 303с.

［161］тайМуратов Р.В. Гидродинамика нефтяного трещиноватого пласта. М.： Недра-1980.-223 с.

［162］Ромм Е.С. Фильтрационные свойства трещиноватых горных пород ／ Е. С. Ромм ∥М.： Недра — 1966. — 283 с.

［163］Шалин Н. А., Мингазов М. Н., Хворонова Т. Н., Шинкарева Т. В. Выявление направления трещиноватости в карбонатных отложениях дистанционными методами ∥ Тр. ТатНИПИнефть. Юбилейный выпуск, посвященный 40-летию《ТатНИПИнефть》.—Бугульма, 1996. С.38-44.

［164］Шаташвили С.Х., Надарейшвили А.В. Об одном способе определения параметров пласта по данным прослеживания давления в реагирующей скважине. ／ Тр. Грузинского политехнического института, 1966, № 3 （108）, с. 103 108.

［165］Швецов И. А. Вытеснение нефти водой из трещиновато—пористого пласта ∥ Тр. Гипровостокнефть, 1974. — Вып.23. — С.56-62.

［166］Шустеф И. Н., Викторин В. Д. Проектирование разработки залежей нефти в карбонатных коллекторах ∥ Тр. ПФ Гипровостокнефть, 1966. -Вьш.2, - С.55-63.

［167］Шустеф И.Н. О зависимости нефтеотдачи от продуктивности и гид-ропроводности пластов ∥ РНТС Нефтегазовая геология и геоф-изика.-1976.-№ 8.-С.15-16.

［168］Ahmed U., Badry R. A. Production logging as an integral part of horizontal-well transient-pressure test ∥ SPE Formation Evaluation. 1993. — Vol. 8, № 4. — P. 280 — 286.

［169］Bourdarot G. Well testing： interpretation methods ∥ Editions Technip. —1998.

[170] Choquette P. W. and Pray L. C. Geologic Nomenclature and Classification of Porosity in Sedimentary Carbonates.// AAPG Bulletin54 (February 1970). p. 207-250.

[171] Dunham R.J. Classification of Carbonate Rocks According to Depositional Texture.//in Ham WE (ed). Classification of Carbonate Rocks. Tulsa, Okla-homa, USA: American Association of Petroleum Geologists, 1962. p. 131-154.

[172] Gringarten A.C. Interpretation of Tests in Fissured and MultiLayered Reservoirs with Double-Porositi Behavior. Theory and Practice/Pet.Tech. -1984. - April. - P. 549-564.

[173] Head E.L., Bettis F. E. Reservoir anisotropy determination with multiple probe pressure // Journal of Petroleum Technology. 1993. - Vol. 45, № 12. - P. 1177-1184.

[174] Hurst W., Haynie Oruille K., Waiter Richard N. New Concept Extends Pressure Build Up Analysis. "Petrol Manag", 1962,34, № 9.

[175] Miller C.C., Dyes A. B., Hutchinson C.A. The Estimation of Permeability and Reservoir Pressure from Bottom Hole Build up Characteristics, Journal of Petroleum Technology, vol 2, № 4, April, 1950.

[176] Muckeherejee H. Well Perfomance Manual. Denver, 1991.

[177] Reeckmann A. and Friedman G.M. Exploration for Carbonate Petroleum Reservoirs // New York, USA: John Wiley & Sons, 1982. 324 p. Tucker M.E. and Wright V.P. Carbonate Sedimentology. Oxford, England: Blackwell Scientific Publications, 1990, 453 p.

[178] Nelson R.A. Analysis of Anisotropic Reservoirs // in Geologic Analysis of Naturally Fractured Reservoirs. Houston, Texas, USA: Gulf Publishing Company, 1985. 341 p.